养鸟人的
第一本说明书

从零开始养鹦鹉

何可可 著

化学工业出版社
·北京·

内容简介

本书针对目前养鸟爱好者饲养数量较多的中小型鹦鹉进行讲解，通过手绘的形式，将鹦鹉选购、饲养、互动、医治等内容娓娓道来，让养鸟爱好者更加深入地了解鹦鹉的生活习性，从而科学饲养、科学互动，助力其健康成长。

一名新手鸟友在日常中会遇到的问题、想了解的知识，都能在本书中找到答案。本书适合第一次饲养鹦鹉的养鸟爱好者，以及想要进一步与鹦鹉交流的鸟友阅读。

图书在版编目（CIP）数据

从零开始养鹦鹉 / 何可可著． -- 北京：化学工业出版社，2025.7（2025.9重印）． -- ISBN 978-7-122-48081-1

Ⅰ．S865.3

中国国家版本馆CIP数据核字第2025XS5254号

责任编辑：吕梦瑶　　　　　装帧设计：OneShock Studio · 丸侠创意工作室
责任校对：赵懿桐

出版发行：化学工业出版社（北京市东城区青年湖南街13号　邮政编码100011）
印　　装：北京宝隆世纪印刷有限公司
880mm×1230mm　1/32　印张 7½　字数200千字　2025年9月北京第1版第2次印刷

购书咨询：010-64518888　　　　售后服务：010-64518899
网　　址：http://www.cip.com.cn
凡购买本书，如有缺损质量问题，本社销售中心负责调换。

定　价：78.00元　　　　　　　　　　　　　　版权所有　违者必究

- 自序 -

「鹦鹉是用爱浇灌的小动物」

我的好朋友阿游是一位没有养过鹦鹉的猫咪主人,有一次,她了解到我家芒果和翠果(我家的两只鹦鹉)有趣的相处日常后,非常感慨地说:"我还以为它们只需要展翅和吃就够了,结果人家要爱情、要自由、要相拥。"

其实这句话真实地反映了大多数人对于鹦鹉的印象,原来它们并不是只关心吃喝的动物。虽然鹦鹉是最受欢迎的宠物之一,但是很多人对它们的行为和需求并不了解。

在本书中,我们将主要探讨中小型鹦鹉的饲养方式。虽然国内的鹦鹉饲养政策正在逐步放开,但大型鹦鹉可能并不适合大多数家庭饲养。

一只鹦鹉在家庭生活中的所有行为,包含了先天行为和后天行为。先天行为是鹦鹉刻在基因中、不需要任何教导就能直接展现的本能行为;后天行为则是其作为家庭成员,在成长过程中学习掌握的所有行为。这种行为深受饲养者及环境的影响,是可以后天习得的。

　　如果把鹦鹉比作一部智能手机，那么刻在它们基因里的行为就如同手机的操作系统。不同科属的鹦鹉可能拥有不同的"操作系统"，比如这只是"安卓"，而那只是"iOS"。而它们在人类社会中学会的所有东西，就相当于在这部"手机"上安装的 App 或者插件。所以，**首先需要了解和熟悉"操作系统"，再"下载合适的"软件"**，才能更好地使用鹦鹉这部"手机"。

　　如果既不会使用"操作系统"，也不会"下载软件"，就贸然指责这是一部"难用的手机"，那对于这部"手机"来说实在是非常委屈。

当我们饲养鹦鹉时，**首先需要了解它们的"操作系统"**，也就是它们的先天行为，同时还要试着去了解它们在人类社会环境下的需求和习惯。例如，在野外时，鹦鹉需要飞行、寻找食物和进行社交活动。而当鹦鹉处于家庭环境中时，我们需要为它们提供这些行为需求的替代品。比如准备鹦鹉专用的玩具和活动区域，并积极地与它们进行互动和开展训练。

在自然界中，动物的所有行为都是为了生存而存在的，它们的生活单纯而自然，活下去并延续物种是它们生活的主题。但对于作为宠物的动物而言，它们所处的生活环境与自然环境截然不同。在与人类相处时，它们从基因中传承的所有先天行为，**可能会引发诸多麻烦，也难以被人类理解**，但这绝对不是它们的过错。

鹦鹉作为一种非常规宠物，正逐渐走入众多家庭。然而，人们对于它们的"操作系统"的了解却太少。只有当你了解它们的所有习性之后，还依然一如既往地热爱这个物种，你给予它们的爱才会得到百倍的回报。

我想通过改写法国作家儒勒·凡尔纳所说的一句话来开启这**本书："世界上只有一种真正的英雄主义，那就是在了解了饲养宠物的真相之后，仍然热爱并保护它们。"**

推荐序 01

周佳俊

浙江省森林资源监测中心生物多样性监测所工程师
世界自然保护联盟物种生存委员会中国专家委员会专家组委员
《中国国家地理》杂志特约摄影师

  随着人工繁育鹦鹉逐步合法化，越来越多的人开始选择将鹦鹉作为伴侣动物。本书作者以其细腻的笔触和丰富的经验，通过生动的手绘图将鹦鹉饲养的点点滴滴娓娓道来。从选择适合自己的鹦鹉品种，到鹦鹉的日常照护、饮食健康管理、疾病预防，再到如何与鹦鹉建立深厚的情感联系，每一页都充满了对生命的尊重和对细节的精妙把控。

  这本书不仅教会我们如何成为一位负责任的宠物主人，更引导我们去领悟，宠物与人之间是一种相互陪伴、相互成长的美好关系。让我们跟随作者，开启一段绚丽多彩的鹦鹉探索之旅，学会在日常生活中寻找爱与意义！

附注:

周佳俊老师长期从事脊椎动物物种多样性调查、监测、评估工作,开展基础分类学研究,同时还积极参与野生动物保护相关的科普宣传工作。

推荐序 02

不折酱和小玄鸡
科养博主，五只小鸟的妈妈

「爱，是因为一只鸟儿，便希望所有小鸟过得都好。」

亲爱的读者朋友们，我是小红书博主不折酱和小玄鸡，非常荣幸能为本书写推荐序。伴随着何可可老师细致入微的描写和生动的插图，我也"从零开始养鹦鹉"了！

我是万千养"鸡"人中普普通通的一员，养鹦鹉的日子平淡而重复：每天换食、换水，观察鹦鹉的食欲和状态；清洁鹦鹉笼子、打扫地板上的粪便；学习工作之余，抽出时间来陪伴这些可爱的生灵。我总是渴望获取更多关于鹦鹉的新知识——调整鹦鹉的饮食结构，挑选更有趣、更安全的玩具。在网络上，我和网友们一起分享着养鹦鹉的乐趣；当鹦鹉生病时，我们一同揪心；当有人失去心爱的鹦鹉时，我们也一起难过……我们就是这样一群为鹦鹉痴迷的养鸟人。

读这本书时，我不止一次地感叹："要是这本书在我养鹦鹉之前出版，我一定能少走许多弯路啊！"从购买鹦鹉前的准备，到养鹦鹉过程中的大事小情，再到鹦鹉常见行为解读，何可可老师不仅观察细致、总结到位，还用通俗易懂且充满趣味性的语言，手把手地教会我们如何与鹦鹉相处。我相信，即使是新手，只要认真研读这本书，必然会收获满满。

不过，我从不轻易鼓励没有养宠物经验的人去养鹦鹉。为了照顾这些小生命，你需要放弃许多。回顾这几年，我为了鹦鹉舍弃了很多社交活动，不再规划远途旅行，甚至为它们放弃了免费的员工宿舍，搬到郊区租房住。尽管如此，我从未感到遗憾或不满，鹦鹉的陪伴，是我内心力量的源泉。通过它们，我还认识了许多志同道合的朋友，我们或许年纪相差甚远，或许素未谋面，但因为共同的热爱，心与心紧紧相连。

鹦鹉可爱顽皮、聪明灵动，世间一切美好的辞藻都不足以形容它们。当然，它们也有调皮捣蛋、拆家、咬人、大声尖叫、随处排便的时候，但这些又算什么呢？照料它们的饮食起居虽然辛苦，永远也打扫不完的卫生和保持终身学习的挑战也不轻松，但这些远比不上它们带给我们的快乐。

"碎碎念"

在本书的创作过程中,我经历了很多困难。在此,要向给予我帮助的人表达真挚的感激。王祖锁教授以深厚的专业知识和十足的耐心,为本书做了兽医学方面的审定,谢雨老师在排版工作中倾注了大量的心血,并且在配图插画绘制方面提出了十分有益的建议,能得到他们的帮助,我感到十分荣幸和感激。同时,也要感谢我的"小鸡"们,它们在我创作时给我的键盘空投了不少鸟屎(哈哈)!

我非常喜欢与动物相处,喜欢观察它们的动作行为,研究其背后对应的深层逻辑,同时充分了解它们的原生状况,再不断反推验证它们在人类家庭中的行为模式。

我对这一系列过程非常着迷,动物单纯可爱,与它们相处一天,我可以什么都不干,手机里便会存满大量它们的照片。我很感激能有这次机会可以与大家分享这本书,虽然一本书无法说完所有的情况,但如果这本书能为你提供一些实用的帮助,让鹦鹉快乐地成长,使其更好地成为一名家庭成员,与主人共同经历生活的挑战,幸福且健康地过完一生,我想这就是我创作这本书最美好的意义了。

欢迎你来到小鸟的世界，勇敢的养鸟人！

考考你：

你能叫出它们的名字吗？

目录

第 一 章
鹦鹉这种动物呀 · 001

印象中的鹦鹉 · 002
中国历史中的鹦鹉 · 006
鸟类分类中的鹦鹉 · 009
生物学中的鹦鹉 · 042

第 二 章
我要有只鹦鹉啦
· 047

关于饲养鹦鹉的家庭 · 048
选择鹦鹉 · 058
物品准备清单 · 074

第 三 章
我的鹦鹉回家啦
· 089

雏鸟 · 090
幼鸟 · 104

第 四 章
鹦鹉的日常生活
· 109

鹦鹉的生活节奏 · 110
鹦鹉的日常饮食 · 113
鹦鹉的环境清洁 · 137
与主人互动及学习技能 · 138
不同季节的饲养方式 · 143

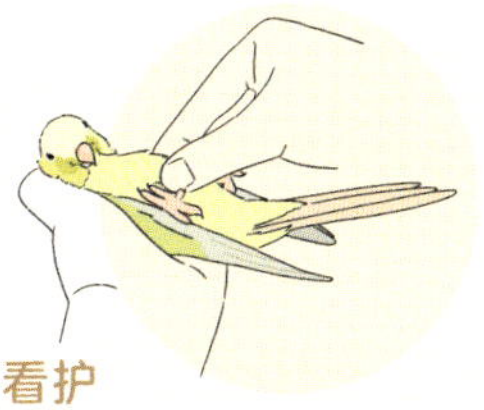

健康状况自查 · 154

洗澡 · 157

家庭中的危险 · 160

第 五 章
鹦鹉的日常看护
· 153

鹦鹉行为语言 · 162

鹦鹉的求救信号 · 174

成长日历 · 194

换羽期 · 196

发情期 · 197

第 六 章
特殊时期的鹦鹉
· 193

繁殖期 · 198

产蛋期 · 199

第 七 章
养鸟人笔记 · 201

常见疑问和建议 · 202

"考考你"的答案：

「八哥」　　「珍珠鸟」

第 八 章
与鹦鹉告别 · 221

参考文献 · 224

01

>> 印象中的鹦鹉

>> 中国历史中的鹦鹉

>> 鸟类分类中的鹦鹉

>> 生物学中的鹦鹉

第一章
鹦鹉这种动物呀

》印象中的鹦鹉

提到宠物鹦鹉,大家似乎都有一些共同的刻板印象,就像儿歌里总唱小兔子爱吃胡萝卜,**人们印象中的鹦鹉好像也是只吃黄小米**[1]**的**。它们要么住在圆形的铁丝笼子里,要么拴着脚链站在铁架上;要么住在阳台上,要么待在某个店铺的门口,会说"你好"和"恭喜发财"。

仔细想想,印象中的鹦鹉,**大一点的好像叫"金刚",小一点的好像叫"虎皮"**。在动物园或马戏团的表演里,鹦鹉表演会作为其中一个节目登场,它们会衔纸币、滑滑板,还能根据指令围着柱子转圈,具体的长相不太记得了,似乎是一种绿色的鹦鹉。

所以当人们通过网页和短视频了解到鹦鹉作为家庭成员在一个家庭中的真实生活时,会惊奇地发现:原来鹦鹉有那么多的品种,原来鹦鹉不只是绿色,原来鹦鹉也有不会说话的,原来鹦鹉这么黏人,原来鹦鹉这么聪明,原来鹦鹉可以带给人那么多快乐,原来鹦鹉是这样值得被疼爱的小动物。

正是因为一些刻板印象的普遍流行,导致许多新手主人**在错误的观念里学习了错误的喂养知识**,这一结果会直接导致糟糕的喂养体验,同时也很可能会葬送鹦鹉的性命。

---

[1] 黄小米为稷的俗称,也称粟米。

鹦鹉既难养，也不难养，只要掌握了正确的饲养方法与相处之道，就能真正地领会到鹦鹉这种动物的魅力。**现在，请你放下所有对鹦鹉的刻板印象**，和我一起在这本书里了解真正的它们吧。

刻板印象中它们就是这样的

这些刻板印象，

错误的印象

▍吃黄小米

鹦鹉需要丰富多元的营养，单一的黄小米无法提供这些营养。

▍说话能力强

有许多品种的鹦鹉并不擅长说话。

▍住在阳台上的圆形笼子里

鹦鹉需要具有安全感和恒温的环境，圆形可悬挂的笼子更适合雀形目鸟类而非鹦鹉，而开放式的阳台环境温度变化大且易引来捕食者。

▍拴脖链、脚链，养在架子上

小型鹦鹉的脖子及脚都非常纤细和脆弱，使用脖链或者脚链容易对鹦鹉造成伤害。

▍住在草窝里

许多人在笼子里挂一个草窝是为了方便鹦鹉睡觉，但对于非繁殖期的鹦鹉来说，它们不用住在窝里，站在栖枝上睡觉才是其原始的状态。窝的出现会刺激鹦鹉发情，并且常见的草窝也是一个非常不安全的隐患。鹦鹉喜欢啃咬，被其啃咬坏的草窝会露出凌乱的草绳，在鹦鹉玩耍时容易缠绕住它的翅膀或者脖子，造成严重的伤害。

你中了几个呢？

> 正确一半的印象

▌擅长表演

在一般人的印象中，鹦鹉是一种**非常聪明的、热爱社交的动物**，它们有很强的语言能力、出色的记忆力以及一定的创造力。因此，许多马戏团或动物园喜欢训练鹦鹉进行节目表演。

这种印象部分是正确的，鹦鹉聪明且愿意与同伴或者主人玩耍，但这并不代表鹦鹉是适合表演的动物。想要满足商业表演的要求，需要对鹦鹉进行大量的重复训练，这与自然而然的训练玩耍是截然不同的。动物商业表演本身就对动物具有一定的伤害，无论是精神上还是身体上，长时间的重复练习和训练会使鹦鹉感到压力和不适。

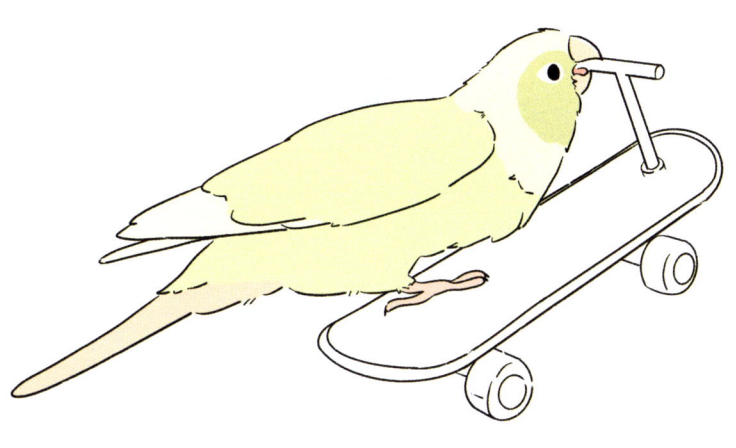

» 中国历史中的鹦鹉

鹦鹉并不是现代人新奇的宠物，实际上，鹦鹉已经与人在一起生活很久了。我们的祖先很早就领略过鹦鹉的魅力，并且发现了它们与其他动物的不同。

在我们生活的这片传奇、地大物博的华夏大地上，对鹦鹉可考证的记载**最早可以追溯到商代晚期**。在 1976 年发掘的妇好墓中，出土了约 25 件鹦鹉形玉器。妇好墓中的玉鹦鹉神气威武、形态各异，还有着长长的尾羽。通过妇好墓中鹦鹉玉器的数量及对鹦鹉丰富形态的表达，我们能感受到商代人对鹦鹉的了解并不是单一的"一面之交"。鹦鹉频繁地出现在他们的日常生活中，并且与其有着密切的互动。

先秦古籍《山海经·西山经》中有对鹦鹉的记载,"又西百八十里,曰黄山,无草木,多竹箭。盼水出焉,西流注于赤水,其中多玉……有鸟焉,其状如鸮,青羽赤喙,人舌能言,名曰鹦䳇。"这里描写的鹦鹉,全身披着青色的羽毛,有鲜红的鸟喙,和人一样有圆圆的舌头,能像人一样说话。汉代《礼记》里提到:"鹦鹉能言,不离飞鸟;猩猩能言,不离禽兽。今人而无礼,虽能言,不亦禽兽之心乎?"而在明代的《本草纲目》中,李时珍根据古籍中对鹦鹉的记载以及对当时鹦鹉的认识,解释了鹦鹉这个名字的由来:鹦鹉是像婴儿一样跟着母亲牙牙学语的鸟,写作"婴母"。从商代到近代,一直能在历史中找到鹦鹉与人们密切相伴的痕迹。

虽然目前我们所饲养的宠物鹦鹉大部分原产于澳大利亚或非洲，但我们国家也有原生鹦鹉。这些鹦鹉都是留鸟，它们一代又一代地生活在华夏大地上，有一些品种在历史上一直有迹可循，但随着城市的开发和森林被破坏，到现代很难见到了。

我国的鹦鹉有2个属，6个种。

［红领绿鹦鹉］　［绯胸鹦鹉］　［大紫胸鹦鹉］
［花头鹦鹉］　［灰头鹦鹉］　［短尾鹦鹉］

在历史上，我国甘肃兰州、陕西陇州、四川成都、云南、贵州、安徽南部、浙江东部、台湾、广西、海南等地，都是盛产鹦鹉的地方。

尽管现在野外分布的鹦鹉并不多，但不得不承认，自从我们认识这种动物并感受到它们的无穷魅力，便再难以割舍了。这也是许多接触过鹦鹉的养鸟人对鹦鹉情有独钟的原因吧，又或许这是一种刻在血脉中的神奇吸引力。

》鸟类分类中的鹦鹉

（鹦鹉目成员）

鹦鹉都属于鹦鹉目（拉丁学名：*Psittaciformes*），是一种攀禽，鹦鹉目中一共有 3 个科、88 个属、386 个种。

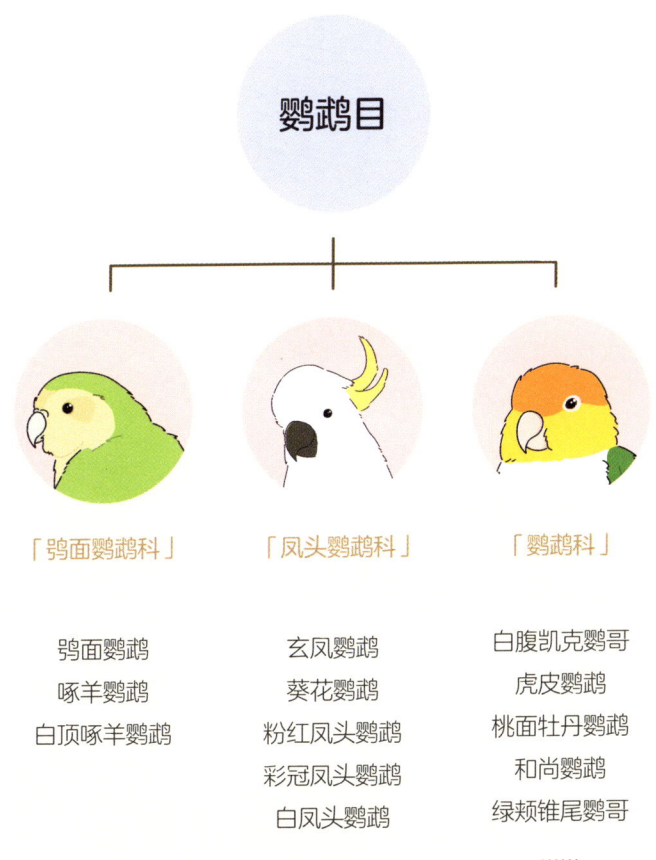

鹦鹉目

「鸮面鹦鹉科」　「凤头鹦鹉科」　「鹦鹉科」

鸮面鹦鹉　　　玄凤鹦鹉　　　白腹凯克鹦哥
啄羊鹦鹉　　　葵花鹦鹉　　　虎皮鹦鹉
白顶啄羊鹦鹉　粉红凤头鹦鹉　桃面牡丹鹦鹉
　　　　　　　彩冠凤头鹦鹉　和尚鹦鹉
　　　　　　　白凤头鹦鹉　　绿颊锥尾鹦哥
　　　　　　　……　　　　　……

虽然不同种的鹦鹉形态各异，但对于鹦鹉目的大部分成员来说，它们都有**共同的特征**。

① 明亮鲜艳的羽毛
② 弯弯的喙
③ 对趾型脚趾
④ 长长的尾羽

⑤ 可远距离传播的叫声　⑥ 一定的语言能力　⑦ 热爱社交　⑧ 以素食为主

即使体型相差 30 倍，例如蓝黄金刚鹦鹉与虎皮鹦鹉，它们的特征也是一致的

异趾型脚趾

大部分鸟类脚趾的排列方式都是异趾型。三趾朝前、一趾朝后的结构更适合需要快速飞行和捕猎的鸟类。

由于需要捕猎,猛禽的爪子特别锋利且具有强大的抓握力,三角趾的称呼专门用来形容它们的异趾型脚趾。

「老鹰的脚趾」

对趾型脚趾

这种趾型与常见的鸟类趾型有明显的区别。两趾向前、两趾向后的结构使得对趾型的鸟类可以更稳定地抓握树干,并在树干上向上或向下移动。

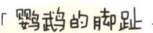
「鹦鹉的脚趾」
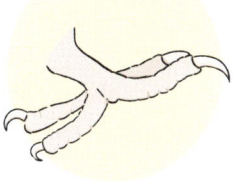

这种对称趾在鸟类中相对少见,但很适合那些喜欢专注于树干攀爬或在树上寻找食物的鸟类,例如啄木鸟与鹦鹉。

鸮面鹦鹉科 | New Zealand Parrots

大名鼎鼎的鸮面鹦鹉是"科代表",这个科里只有三位成员,在这里我们只介绍其中两种:啄羊鹦鹉、鸮面鹦鹉。

Kea

啄羊鹦鹉

拉丁文名: Nestor notabilis
分布地区: New Zealand / 新西兰

啄羊鹦鹉是杂食性鸟类,不只吃种子与植物,像蜘蛛、蚂蚁等小型无脊椎动物也在它的食谱中,其名字源于时常被人目击站在羊背上啃食羊肉。

/ 鸟类分类中的鹦鹉 /

鸮面鹦鹉

我喜欢在晚上玩

Kakapo

拉丁文名：	*Strigops habroptila*
分布地区：	New Zealand / 新西兰

野生数量只有 240 只左右的鸮面鹦鹉是非常珍稀的鸟类，其在进化历程中逐渐丧失了自卫能力，目前对它们的野保和繁育工作是非常重要的任务。

啊！突然有点饿，跳过去吃点东西吧！

关于鸮面鹦鹉

鸮面鹦鹉在其本地被称为 kākāpō，毛利语中意为"夜鹦鹉"，而鸮也是我国古代对猫头鹰一类的猛禽的统称，这些都指向了鸮面鹦鹉不同于其他鹦鹉的特性：夜间活动。

由于所处自然环境优越，鸮面鹦鹉拥有丰富的食物且没有天敌，在进化过程中翅膀肌肉退化、龙骨突消失，所以它们是唯一一种不会飞行的鹦鹉。

哇哇哇，你是说只有我不会飞吗？

凤头鹦鹉科 ｜ Cockatoos

凤头鹦鹉科的成员都有一个"头冠"，这些羽毛可以向上或向后弯曲，这顶头冠与凤凰头部的形象非常接近，因此被称作凤头鹦鹉。凤头鹦鹉科的"科代表"是葵花鹦鹉，不过很多人不知道玄凤鹦鹉也属于这个家族。

这个科中目前有 7 个属，21 个种，接下来，你会看到一些常见的凤头鹦鹉科的成员。

"玄凤"是我，"腮红鸡"也是我

Cockatiel

玄凤鹦鹉
（鸡尾鹦鹉）

拉丁文名：Nymphicus hollandicus
分布地区：Australia / 澳大利亚

玄凤鹦鹉是最常见的宠物鹦鹉之一，它的性格比较温和，喙的啃咬力度相对较弱。如果选了"玄凤弟弟"，那家里将多了一名音律模仿专家。

/ 鸟类分类中的鹦鹉 /

小秘密

玄凤鹦鹉的胆子相对较小,更容易因环境微小的变化而受到惊吓,俗称"炸笼"。

几种常见的玄凤"色号"

→ "玄凤弟弟"大概在三月龄时开始变换音调和节奏连续鸣叫,俗称"花叫"

关于玄凤鹦鹉

玄凤鹦鹉并不擅长说话这项技能,但**雄性玄凤鹦鹉**却十分擅长鸣叫。

作为宠物的玄凤鹦鹉,可以在家庭成员的引导下学会**有节奏**的曲调,甚至是一些**有难度、曲调变化大**的歌曲。

如果希望教玄凤鹦鹉唱歌,需要选择"玄凤弟弟"。

原生种的玄凤鹦鹉有两性异形的特点,即雄性玄凤鹦鹉与雌性玄凤鹦鹉的外观截然不同,可以根据外形辨认选购。

粉红凤头鹦鹉

Galah

拉丁文名： *Eolophus roseicapilla*
分布地区： Australia / 澳大利亚

粉色的羽毛、可爱的外形，与大多数凤头鹦鹉科鹦鹉都不一样的外观，让粉红凤头鹦鹉成为很多女孩子的"梦中情鸟"。

头冠展开的样子

我就是粉粉的呀！

彩冠凤头鹦鹉

Major Mitchell's Cockatoo

拉丁文名： *Cacatua leadbeateri*
分布地区： Australia / 澳大利亚

彩冠凤头鹦鹉更常见的昵称是"车轮冠"，它们的头冠花纹即使在凤头鹦鹉中也较为罕见。它们的头冠展开竖起时，看起来很像车子轮毂的形状，非常有辨识度。

"车轮冠"也是说我哦！

收起来时，独特的花纹就隐藏了

/ 鸟类分类中的鹦鹉 /

Goffin's Cockatoo

戈氏凤头鹦鹉

拉丁文名： *Cacatua goffiniana*
分布地区： Australia / 澳大利亚

虽然在凤头鹦鹉的分类中，但是头冠相对别的凤头鹦鹉要更小巧，完全收起服贴在头上的时候，会让人忽略这是一只凤头鹦鹉。

Sulphur-crested Cockatoo

葵花鹦鹉

拉丁文名： *Cacatua galerita*
分布地区： Australia / 澳大利亚

葵花鹦鹉是在动物园及全球宠物市场中很常见的品种，有时候也被称为"蒜苗鸡""大葵""哈士葵"，它们性格活泼顽皮，对社交有很强的需求。

看见没，我这是把伞

我不是大号葵花！

White Cockatoo

白凤头鹦鹉

拉丁文名： *Cacatua alba*
分布地区： Australia / 澳大利亚

白凤头鹦鹉也被大家称为伞鹦鹉，它们的头冠可以像打开伞一样展开或收拢。在表达愤怒或开心的情绪时，它们可以把头冠展开为圆形或半圆形，使得自己看起来更大、更壮观。

/ 鸟类分类中的鹦鹉 /

Salmon-crested Cockatoo

橙冠凤头鹦鹉

拉丁文名： *Cacatua moluccensis*
分布地区： Australia / 澳大利亚

橙冠凤头鹦鹉独特的橙色（鲑色）凤头，让它们看起来就像是有着一顶橙色帽子的白凤头鹦鹉，但它们是不同的种。

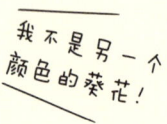

我不是另一个颜色的葵花！

鲑色是指三文鱼色哦

小秘密

凤头鹦鹉科的鹦鹉会通过头冠表达情绪。

第一章 鹦鹉这种动物呀

关于凤头家族

　　凤头家族的成员几乎都有丰富的羽粉，与其他科属的鹦鹉比起来会显得更多。羽粉主要由角蛋白构成，成分类似于人类的指甲和皮屑。因此，作为家庭宠物饲养的凤头鹦鹉**需要更高频率的环境清洁维护**。

鹦鹉科 | Psittacidae

鹦鹉科的鹦鹉是鹦鹉目家族中最主要的成员，其涵盖 79 个属，362 个种。其中，最有名的"科代表"莫过于虎皮鹦鹉了，虎皮鹦鹉凭借超高的出场率，在很多人的心目中直接代表了"鹦鹉"这个词。在这一节，我们依然介绍鹦鹉科中较为常见的成员。

/ 鸟类分类中的鹦鹉 /

喜欢我的人都叫我"皮皮"

Budgerigar

虎皮鹦鹉

拉丁文名：Melopsittacus undulatus
分布地区：Australia / 澳大利亚

虽然大多数人觉得不可思议，但是许多"虎皮弟弟"都拥有很强的说话天赋，甚至可以背下一首完整的诗。

几种流行的虎皮"色号"

雨衣虎皮鹦鹉
背上有上翻的羽毛

大头虎皮（左）
和常规虎皮（右）

第一章 鹦鹉这种动物呀

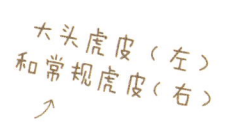

关于虎皮鹦鹉

　　成年虎皮鹦鹉可以通过鼻子的颜色分辨雌雄，成年雄性虎皮鹦鹉的鼻子是色彩鲜艳明亮的蓝色或者紫色，而成年雌性虎皮鹦鹉的鼻子呈肉色且表面有褶皱。
　　在虎皮鹦鹉未成年时，鼻子的颜色可能会很接近，不易分辨。

桃面牡丹鹦鹉
（粉脸牡丹鹦鹉）

Rosy-faced Lovebird

拉丁文名：	*Agapornis roseicollis*
分布地区：	Africa / 非洲

　　桃面牡丹鹦鹉属于面类牡丹鹦鹉，其脸上的色彩就像戴了一副面具。桃面牡丹鹦鹉色彩丰富，性格顽皮可爱，是引导大家对鹦鹉入迷的主力军之一。

/ 鸟类分类中的鹦鹉 /

关于牡丹鹦鹉[1]

　　牡丹鹦鹉主要的分布地在非洲，它们在自然环境下会主动寻找树洞或者仙人掌的洞来居住并繁衍后代。

　　在自然环境下生存的牡丹鹦鹉是群居生活的，它们会选择有水源的地区居住，对水浴有一种本能的喜爱。

　　因为它们喜欢与伴侣如影随形、相依相偎，所以还有一个名字叫作"爱情鸟"，在家庭中单独饲养的牡丹鹦鹉，常常会将饲养者视为伴侣，走到哪儿跟到哪儿。

---

[1] 目前大家说的牡丹鹦鹉一般是指桃面牡丹鹦鹉。

听说你喜欢看我玩水时
扑扇翅膀的样子，
我也很喜欢玩水哦！

几种流行的牡丹"色号"

小秘密

某些"色号"的牡丹鹦鹉雏鸟的嘴壳上有黑色，随着成长会慢慢褪去。

坚硬的嘴壳可以高效
地嗑开谷物外壳，
所以咬人一口也很疼

第一章　鹦鹉这种动物呀

你放心，我绝对不咬你的东西……骗你的啦~

不同颜色的费氏牡丹鹦鹉

Fisher's Lovebird

拉丁文名： Agapornis fischeri
分布地区： Africa / 非洲

费氏牡丹鹦鹉

费氏牡丹鹦鹉有一个大大的白眼圈，看起来像是戴了一个头套，属于头类牡丹鹦鹉。

/ 鸟类分类中的鹦鹉 /

你看我眼神，怕不？

没想到吧？我不是费氏牡丹鹦鹉

Yellow-collared Lovebird

拉丁文名： Agapornis personatus
分布地区： Africa / 非洲

黄领牡丹鹦鹉

黄领牡丹鹦鹉像是另一种颜色的费氏牡丹鹦鹉，因为其也有大大的白眼圈，所以也在大家俗称的头类牡丹鹦鹉的范围内。虽然与费氏牡丹鹦鹉不属于同一个种，但无论是在野外还是在人工繁育中，都会出现费氏牡丹鹦鹉与黄领牡丹鹦鹉结合繁衍后代的情况。

面类牡丹鹦鹉看起来像戴了一副面具

头类牡丹鹦鹉看起来像戴了一个头套

小秘密

牡丹家族几乎都不怎么擅长说话。

关于牡丹家族

俗称的牡丹鹦鹉其实有9个种，但是广为人知的只有桃面牡丹鹦鹉、费氏牡丹鹦鹉及黄领牡丹鹦鹉。牡丹家族中的其他成员，例如红脸牡丹鹦鹉或是与费氏牡丹鹦鹉非常相似的尼亚萨湖牡丹鹦鹉，都有非常大的人工育种难度。

第一章 鹦鹉这种动物呀

和尚鹦鹉
（灰胸鹦哥）

Monk Parakeet

拉丁文名：*Myiopsitta monachus*
分布地区：South America / 南美洲

和尚鹦鹉这个名字的由来有几种说法，第一种是说这种鹦鹉像和尚念经一样喜欢点头；第二种是说它们胸前的花纹非常像僧侣的袈裟，层层叠叠；第三种是说它们在野外时喜欢建造集体巢穴，集体生活，就像和尚们住在一起一样。

未断奶的和尚鹦鹉会上下拍打翅膀，跳"求奶舞"[1]，看起来就像一个电动玩具，这也是许多人爱上和尚鹦鹉的原因之一。

> 我很会说话哦！小狗汪汪，小猫喵喵！

> 啾！

和尚鹦鹉的"求奶舞"

和尚鹦鹉的说话能力在中小型鹦鹉中算是比较强的，能学会许多单词，但它们具有穿透力的叫声也不容小觑。

/ 鸟类分类中的鹦鹉 /

---

[1] 求奶舞：幼鸟用来吸引母鸟注意，换取食物的舞蹈。

几种流行的和尚"色号"

和尚鹦鹉在户外电线杆上的"集体宿舍"

第一章 鹦鹉这种动物呀

Green-cheeked Conure

绿颊锥尾鹦哥

拉丁文名：*Pyrrhura molinae*
分布地区：South America / 南美洲

小太阳鹦鹉中的"太阳"，可能指的是金黄鹦哥，因为绿颊锥尾鹦哥的外表与金黄鹦哥看起来类似（但绿颊锥尾鹦哥更小），并且也有非常亮丽的羽毛，所以其昵称为小一号的金黄鹦哥。

"小太阳""小太"都是我，绿颊就是说我的脸颊有绿色哦~

小太阳鹦鹉的性格常常被形容为"狗里狗气"以及"神经质"，它们热衷于与主人玩耍，对喙和脚爪的运用十分熟练，常常能做出一些超出人们对鸟类认知的动作。

/ 鸟类分类中的鹦鹉 /

几种流行的小太阳"色号"

第一章 鹦鹉这种动物呀

头天晚上的屎,可以第二天醒的时候拉

关于绿颊锥尾鹦哥

许多第一次饲养小太阳鹦鹉的人,常常会震惊于它们异于其他品种的**天赋异禀的憋屎能力**。并且因为它们十分黏人的性格,大家都称它们为"狗皮膏药"。加上白眼圈的加持,它们常常能做出看起来非常有趣的表情。

紫腹鹦鹉

Purple-bellied Lory

拉丁文名：	Lorius hypoinochrous
分布地区：	Australia / 澳大利亚

紫腹鹦鹉属于吸蜜鹦鹉，其擅长模仿声音，有不错的说话能力。

\我也是吸蜜鹦鹉哦/

你见过我吗

\我把彩虹穿在身上/

彩虹吸蜜鹦鹉

Rainbow Lorikeet

哪里有花
哪里有我

拉丁文名：	Trichoglossus moluccanus
分布地区：	Australia / 澳大利亚

彩虹吸蜜鹦鹉是在澳大利亚自然环境中比较常见的一个品种，它们爱吃各种果实和花蜜。

/ 鸟类分类中的鹦鹉 /

关于吸蜜家族

吸蜜家族的鹦鹉大多有较强的语言能力，它们可以学会许多单词短语。但由于它们的**特殊食性**，饲养吸蜜鹦鹉会**比其他鹦鹉要复杂**，其需要丰富多样的饮食，除了新鲜果蔬之外，还需要定期食用花蜜、花粉。

031

我不是"小太阳"啦！

你看我红得正不正

Crimson-bellied Conure

绯红腹鹦哥

拉丁文名： Pyrrhura lepida
分布地区： South America / 南美洲

虽然长着与小太阳鹦鹉差不多的样子，但是身上的颜色却截然不同，常常会有人以为它是另一种颜色的小太阳鹦鹉，但实际上完全是另一个品种。

第一章　鹦鹉这种动物呀

凭什么要叫人家"金大喇叭"！

我是正宗的"太阳"

Sun Parakeet

金黄鹦哥（太阳锥尾鹦鹉）

拉丁文名： Aratinga solstitialis
分布地区： South America / 南美洲

叫声穿透力非常强的金黄鹦哥（太阳锥尾鹦鹉），也被大家称为"金太阳"。它就像是大一号、另一种颜色的小太阳鹦鹉。太阳锥尾鹦鹉十分黏人，社交能力非常强，不过它的语言能力也不及格。

Bourke's Parrot

伯氏鹦鹉

拉丁文名：*Neopsephotus bourkii*
分布地区：Australia / 澳大利亚

伯氏鹦鹉（Bourke's Parrot）的名字来源于英国探险家和地理学家理查德·伯克（Richard Bourke）。在澳大利亚内陆地区，有许多自由自在的伯氏鹦鹉。

水蜜桃配色 →

叫秋草鹦鹉的就是我哦！

嘿！想必你看过我摇头的样子吧！

我的颜色很清爽 ←

Pacific Parrotlet

太平洋鹦哥

拉丁文名：*Forpus coelestis*
分布地区：South America / 南美洲

太平洋鹦哥有一种比较独特的身体语言，当它们想表达强烈的情绪，如兴奋或快乐时，会甩动脖子摇头，不过它们的语言能力却不怎么样。

/ 鸟类分类中的鹦鹉 /

让开！"跳跳鸡"来了！

常常被表白是"梦中情鸡"

White-bellied Parrot

白腹凯克鹦哥

拉丁文名：	*Pionites leucogaster*
分布地区：	South America / 南美洲

除了"跳跳鸡"之外，白腹凯克鹦哥也常被称为"黄秋裤""秋裤鸡"。其也是一种社交性非常强的鹦鹉，在兴奋、开心时会双脚离地腾空跳起，走起路来十分可爱。

黑头凯克鹦哥 ↑

白腹凯克鹦哥 ↑

关于凯克鹦哥

许多人提起凯克鹦哥时，都认为其只有两种颜色。实际上这两种颜色对应的**是不同的种**，黑色脑袋的凯克鹦哥学名叫作黑头凯克鹦哥，英文名是 Black-headed Parrot，拉丁文名为 *Pionites melanocephalus*。

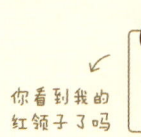

这个名字或许比较陌生，我就是大家口中的"月轮"

你看到我的红领子了吗

Rose-ringed Parakeet

拉丁文名： *Psittacula krameri*
分布地区： China / 中国

红领绿鹦鹉

　　红领绿鹦鹉的名字直接描述了它们的外观特征——绿色鹦鹉的脖子上有一个红色领环。这种领环的颜色与玫瑰的颜色非常相似，这也是它们的英文名（Rose-ringed）的由来。红领绿鹦鹉在我国的自然环境中是有野生种群的，它们具有良好的语言能力和较强的学习能力。

我是不是和"月轮"有点像

大家叫我时常常只称呼我的前两个字，"亚历"说的就是我！

/ 鸟类分类中的鹦鹉 /

Alexandrine Parakeet

拉丁文名： *Psittacula eupatria*
分布地区： China / 中国

亚历山大鹦鹉

　　传说中，亚历山大大帝曾将这种鹦鹉带回他的帝国，因此它们被称为亚历山大鹦鹉，不过这一说法没有确凿的证据。

Red-shouldered Macaw

红肩金刚鹦鹉

拉丁文名：*Diopsittaca nobilis*
分布地区：South America / 南美洲

红肩金刚鹦鹉是金刚家族中体型最小的成员，和其他家族成员一样，红肩金刚鹦鹉十分聪明且语言能力强。

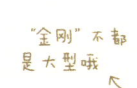

或许你听说过"迷你金刚"，那就是我哦！

"金刚"不都是大型哦

它们都叫我"亚马孙小黄帽"

让我为你唱首歌

Yellow-crowned Parrot

黄冠鹦哥

拉丁文名：*Amazona ochrocephala*
分布地区：South America / 南美洲

亚马孙鹦鹉家族中有许多成员，黄冠鹦哥只是其中一员，其他比较常见且有名的还有黄肩鹦哥，俗称"双黄头"，不过它属于另一个种。

Senegal Parrot

塞内加尔鹦鹉

拉丁文名:	Poicephalus senegalus
分布地区:	Africa / 非洲

塞内加尔鹦鹉有不错的语言学习能力，性格比较温和，橙黄色羽毛上的斑点是其最大的特点。

我有时候觉得自己像鹰

我的昵称也是名字简写，叫我"塞内"就好啦！

/ 鸟类分类中的鹦鹉 /

Gray Parrot

非洲灰鹦鹉

拉丁文名:	Psittacus erithacus
分布地区:	Africa / 非洲

非洲灰鹦鹉是一种非常聪明的鹦鹉，它们有较强的语言学习能力，可以学会一些简单的对话，还能使用工具。但是，正是这种独特的能力，导致非洲灰鹦鹉在原生地被大量盗猎，自然种群受到了极大的威胁。

大家都叫我"灰机"！

我估摸我是最聪明的了

红胁绿鹦鹉

你看我们的样子，是不是很快就知道我们的性别啦？

Eclectus Parrot

拉丁文名：	*Eclectus roratus*
分布地区：	Australia / 澳大利亚

红胁绿鹦鹉也被称为折衷鹦鹉，它们的名字或许是来自希腊语"eklektos"，含义是"被选中的"。因为它们的雌雄个体具有不同的外貌特征，所以被认为是自然选择过的物种。

绿色的是雄性，红色的是雌性

关于红胁绿鹦鹉

有一种推论认为，红胁绿鹦鹉不同颜色的由来很有可能是这个品种雌雄之间完全不同的生活习性造成的。雄性需要在森林中穿梭寻找食物，因此绿色的羽毛成为它们天然的保护色。而雌性在找到合适的巢穴以后便"足不出户"，靠雄性投喂食物，红色使它们在处于绿色森林的巢穴中更容易被雄性发现。红胁绿鹦鹉这种独特的外貌特征，使它们更加受人喜爱。

当人们说"金刚鹦鹉"的时候，脑袋里一定会想到我

我是"金刚"的代表

蓝黄金刚鹦鹉

Blue-and-yellow Macaw

拉丁文名：Ara ararauna
分布地区：South America / 南美洲

除了虎皮鹦鹉之外，许多人对鹦鹉的印象都来自蓝黄金刚鹦鹉。其在动物园中也是非常常见的一种大型鹦鹉，它们的脸颊上有一块裸露的皮肤，当情绪变化时，这块皮肤会变得红扑扑的。蓝黄金刚鹦鹉不仅叫声穿透力非常强，语言学习能力也很强。

正常的我

脸红的我

不同于其他科属的鹦鹉，金刚鹦鹉的脸部有一块没有被羽毛覆盖的裸露皮肤。正常情况下，这块皮肤是自然的白色，**而当其与人类或者同类社交时，这块皮肤会明显泛红**，看起来就像是脸红一样。虽然对这方面的研究还很少，但一般来说，当它们"脸红"时，多为正面、积极的情绪。

/ 鸟类分类中的鹦鹉 /

很像蓝黄金刚鹦鹉的"蓝喉金刚鹦鹉"←

→ 属于"金刚"但完全是别的品种的"红绿金刚鹦鹉"

总结

在本章中，我们介绍了鹦鹉目下的成员。虽然它们的体型涵盖了小型、中型、大型，但是本书中要与大家分享的是**中小型鹦鹉的饲养方法。**

由于饲养鹦鹉的政策不断开放，日后许多大型鹦鹉也会走入我们的家庭。但在本书中，我们并不讨论大型鹦鹉的饲养方法，这不仅是因为大多数家庭并不适合饲养大型鹦鹉，还因为大型鹦鹉的饲养方法与中小型鹦鹉并不相同。由于体型的差异以及对社交的强烈需求，大型鹦鹉的饲养会更加复杂且系统。

鹦鹉品种的问题解答

Q. 鹦鹉证到底是什么？
是否有证就可以合法饲养？

A. [一卡、一脚环]

鹦鹉标识卡

脚环

　　鹦鹉证也叫标识，指的是中国野生动物管理专用标识，它是由中国林业科学研究院发起、国家林业和草原局全国野生动植物研究与发展中心签发的一种国家重点保护陆生野生动物及其制品的专用标识。

　　鹦鹉的标识包含一卡、一脚环，一套标识对应一只鹦鹉，可以扫码验证真伪。这套标识对于个人而言，只是从正规途径购买鹦鹉的证明，并不具有其他作用，单独出售或购买标识都是违法行为。需要注意的是，各地有关地方性法规会有差异，外省标识是否被本省承认，需要咨询当地林草局。所以并不能绝对地说，有标识便万事大吉。

Q. 购买的有证鹦鹉可以自己在家繁殖吗?

A. [不一定]

- 需要标识(证)的品种不可用于繁殖。
  标识(证)可以有效地证明你所购买的鹦鹉的合法性,但对于个人购买的鹦鹉,该标识(证)只能作为合法饲养的证明,并不代表具有个人繁殖资格。

- 三种不需要任何手续及许可证就可以个人繁殖的鹦鹉品种:
  玄凤鹦鹉、虎皮鹦鹉、桃面牡丹鹦鹉。

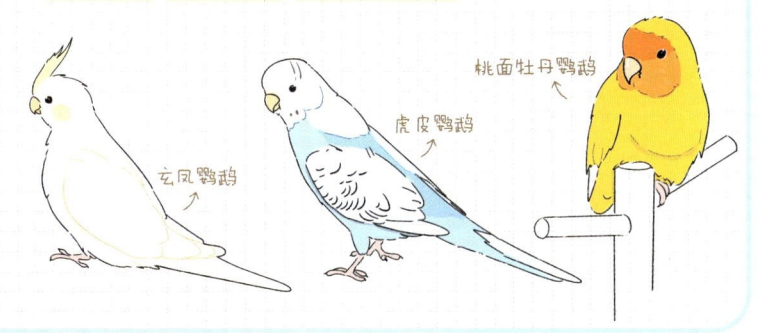

桃面牡丹鹦鹉

虎皮鹦鹉

玄凤鹦鹉

Q. 如何判断鹦鹉品种是否可以合法饲养?

A. [查询许可名录]

登录中国野生动物管理专用标识网站便可以查询当下最新的法律法规与开放许可个人喂养的物种名录。

≫ 生物学中的鹦鹉

眼睛

鹦鹉的眼球实际上非常大,这是它们生存最依赖的器官,两只眼球的大小和重量甚至会超过大脑。

鹦鹉具有四种类型的视锥细胞,可以看到比人类更多的颜色,包括紫外线光谱。

喙

弯且坚硬的嘴壳不仅可以辅助攀爬,还可以分离种子和有效脱壳。

脖子

鹦鹉具有能够伸展和旋转的长脖子,可以帮助它们观察周围环境。

尾羽

尾羽在控制飞行方向及保持平衡时有不可替代的作用,也可通过抖动尾羽进行交流。

抓握食物 →

↓
有力的爪子
可轻松倒挂

脚爪

　　鹦鹉是庞大鸟纲家族中的攀禽成员，有着对趾型脚趾，即两趾向前、两趾向后。这样的构造不仅有利于它们直接用脚爪抓握东西，也可以"嘴脚并用"，配合强有力的喙，在可着力处上下攀爬。

翅膀

　　翅膀上排列的不同类型的飞羽，是鹦鹉用于飞行的核心工具。翅膀在空中快速扇动时，会产生向上的升力和向前的推力，使鹦鹉能够在空中飞行。

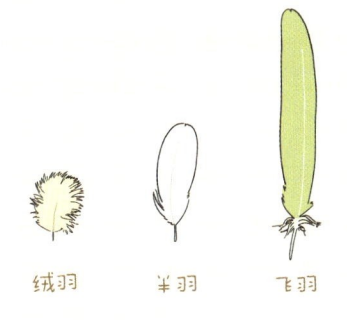

绒羽　　半羽　　飞羽

羽毛

　　鹦鹉身上的羽毛具有多方面的作用。用于飞行的飞羽、用于覆盖和保护身体的半羽、用于适应环境温度的绒羽等，这些羽毛对鹦鹉来说至关重要，可以形成一层保护屏障，阻挡来自外界的伤害。

　　羽毛还有一些特殊的结构，例如每根羽毛之间都有空气层，当鹦鹉感到寒冷或不适时，会将羽毛膨起，这样做相当于为自己加厚了衣服，可以保持体温。

→ 正常状态

→ 蓬羽状态

了解鹦鹉的生理构造，对于照顾它们来说至关重要。当鹦鹉感觉身体不适时，往往可以通过观察羽毛状况或是简单地检查身体及时发现问题原因。

/ 生物学中的鹦鹉 /

[以牡丹鹦鹉的身体结构为例]

① 颅骨　② 下颌骨　③ 颈椎　④ 小翼骨（第一指）
⑤ 胸骨　⑥ 肋骨　⑦ 钩状突　⑧ 大指（第二指）

鹦鹉器官分布图

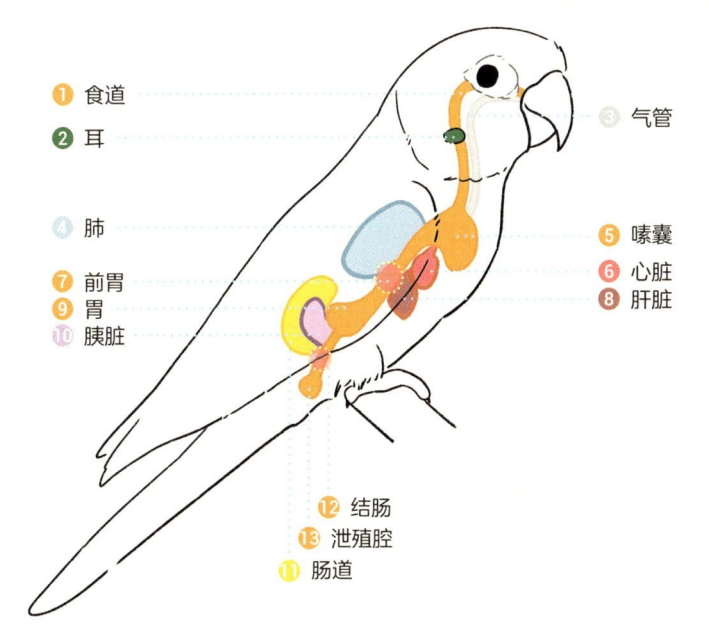

- ❶ 食道
- ❷ 耳
- ❸ 气管
- ❹ 肺
- ❺ 嗉囊
- ❻ 心脏
- ❼ 前胃
- ❽ 肝脏
- ❾ 胃
- ❿ 胰脏
- ⓫ 肠道
- ⓬ 结肠
- ⓭ 泄殖腔

❶ 食道
连接口腔和胃的管道,负责将食物从喙部输送到胃部。

❷ 耳
头两侧的听觉器官,用于听声音和保持平衡。

❸ 气管
呼吸系统的一部分,连接喉部和肺部,负责将空气输送到肺部进行气体交换。

❹ 肺
主要呼吸器官,负责气体交换,使氧气进入血液并排出二氧化碳。

❺ 嗉囊
食道上用于短暂储存食物的地方,也可以预消化食物。

❻ 心脏
主要循环器官,负责将血液泵送到全身,供应氧气和营养物质,并排除代谢废物。

❼ 前胃
胃的一部分,用于初步消化食物。

❽ 肝脏
重要的代谢器官,负责解毒、生成胆汁、储存营养物质和调节代谢。

❾ 胃
消化系统的关键部位,包括前胃和砂囊,负责彻底分解和磨碎食物。

❿ 胰脏
消化腺,分泌胰液帮助分解食物中的蛋白质、脂肪和碳水化合物。

⓫ 肠道
是主要的消化吸收器官,分解、吸收营养后排废。

⓬ 结肠
负责发酵未消化的食物残渣、吸收水分和电解质、合成维生素,以及维持肠道免疫功能。

⓭ 泄殖腔
泄殖腔是鹦鹉的排泄腔口和生殖腔口,负责排出消化废物、尿液,以及雄性的生殖细胞和雌性的蛋。

第一章 鹦鹉这种动物呀

02

>> 关于饲养鹦鹉的家庭

>> 选择鹦鹉

>> 物品准备清单

第二章
我要有只鹦鹉啦

》关于饲养鹦鹉的家庭

> 家庭环境至关重要

在决定饲养鹦鹉之前,到底需要做哪些准备呢?在这一章中,我们根据所饲养鹦鹉的年龄,列出了详细的物品清单。不过,准备物品似乎是饲养所有宠物都需要考虑的问题,**但它们并不是唯一需要准备的**。实际上,在让一只鹦鹉成为新的家庭成员前,你需要考虑5个方面的问题。

① 思想准备

在决定把鹦鹉接回家之前,应该首先与家庭成员协商一致。最初饲养鹦鹉时,家长往往觉得一只鹦鹉在家中**占用的空间不大,每月的花费也不多**。加上传统观念中对鹦鹉随意喂养的误区以及一些鹦鹉品种,如虎皮鹦鹉低廉的价格,常常会使人降低决策成本,轻易地做出饲养鹦鹉的决定。

常见的场景就是:在市场或者网上冲动地花几十块钱买回了鹦鹉和小笼子,却发现鹦鹉不如想象中亲人、可爱,既咬人,也不会说话。家人更是体会不到饲养鹦鹉带来的乐趣,并埋怨这个宠物吵闹、随地拉屎。于是新鲜劲儿过后,便将鹦鹉长期关在狭小、不合适的笼子中,嫌弃地放在家中某个角落,一周也难打扫一次卫生。羽毛、羽粉和食物残渣到处都是，又进一步加剧了饲养鹦鹉带来的不良体验。如此恶性循环，直到有一天，可怜的小家伙因为肮脏的生活环境而生病，孤独地离开了这个世界。

你看，鹦鹉从来没有做错过什么，但由于饲养者及家庭成员对它的不了解，不仅会引发家庭矛盾，还会葬送鹦鹉的一生。

② 宠物环境

家中有其他宠物的话，还可以养鹦鹉吗？

对于不少想养鹦鹉的朋友来说，家中的其他宠物通常是猫和狗。

从本能角度出发，**猫狗是无法克制对鸟类的狩猎热情的**，尤其是猫，鸟类的羽毛气息就足以让它们感到兴奋。但总有人说："那为什么我看到很多猫狗与鹦鹉都是和平相处的，实在太美好了，我也想要那样！"

这其实是一种幸存者偏差，即大部分被猫狗攻击或咬死的鹦鹉并不被大家知道，而那些**特例**则成为社交网络的宠儿，猫与鹦鹉之间的和谐温馨颠覆了大家的惯性认知，并且让不了解的人以为这是普遍的、可实行的饲养方案。

　　毕竟捕食者与食物和谐相处的画面太具有冲击性，让人跃跃欲试，想让自己的宠物也成为特例。不可否认的是，部分宠物猫及宠物狗在繁育过程中早已失去了野性，即使面对食物链中的食物，如鸟类或鼠类，也提不起攻击的兴趣，甚至可能出现害怕的反应。

　　这也成为许多主人混养的原因，那就是"我的猫（狗），性格特别好，是不可能攻击鹦鹉的"。

　　但即使你相信猫狗并不攻击鹦鹉，也不建议将它们放在同一空间内活动，这不仅是因为万事无绝对，也是因为猫狗的体重对于鹦鹉来说过大，哪怕是小狗的体重也是它的百倍之多。这就如同与人类朝夕相处的伙伴是百米巨人，巨人可能没想过要伤害人类，但它的无心之举，如踩或压人类一下，也会导致人类重伤甚至失去生命。

　　那饲养猫狗的家庭就失去养鹦鹉的机会了吗？其实不然。对于有猫狗的家庭来说，主人对宠物的相处及隔离管理是很关键的。

有猫狗的主人可以做到"**1 准备，1 原则，2 隔离**"。

准备

在监管下让猫狗隔着鹦鹉笼子与鹦鹉接触，并且教导猫狗不可靠近。例如，一旦猫靠近鹦鹉便大声呵斥，并将其带离鹦鹉所在的地方。这个准备主要是**预防**，**一旦鹦鹉在意外情况下离开笼子，直接与猫狗产生无保护的接触**，猫狗不会因为从未接触过鸟类而过于兴奋，扑向鹦鹉甚至攻击鹦鹉。

原则

不要百分之百地相信你的猫狗，因为一旦有攻击行为发生，鹦鹉也许会因此失去生命。在无人监管时，不要让鹦鹉与猫狗直接接触。

隔离

① 为鹦鹉笼子准备**相对独立**的放置空间，这个空间需要能将鹦鹉与猫狗隔离开，保证鹦鹉在笼子中时，不会有好奇的猫狗对着笼子抓挠或者吼叫。

② 鹦鹉出笼放风玩耍时要将猫狗进行**隔离**，让它只和同类相处，例如可以将猫狗隔离在别的房间里。除了猫狗之外，以下种类的宠物也不能与鹦鹉单独相处：狐狸、貂、蛇、蜜袋鼯。

若是家中还有别的禽类宠物，在确保彼此都健康的情况下，同样可以在监管下让它们逐步相处。对于鸡鸭来说，鹦鹉是一个弱小的个体，然而对于雀鸟来说，鹦鹉的攻击则会导致它们重伤，所以必须确认相处时双方的状态，才能进一步让它们相处。

总的来说，**与同类玩耍**是一个可以最大限度保障鹦鹉安全的方法。如果家中还有别的种类的鹦鹉，同样需要采取先隔离，再隔笼互相观察接触，最后完全接触、玩耍的策略。隔离一方面是为了观察新成员的健康状况，做好病毒检测❶；另一方面是为了在隔离期间让新成员与"原住民"知晓情况，通过叫声、行为观察，使它们慢慢适应对方，避免在日后的相处中互相攻击。

❶病毒检测：详见 106 页 "鹦鹉双病毒是什么？"。

③ 空间环境

对于热爱自由的鸟类来说，长时间的笼内圈养无异于折磨，并且鹦鹉是非常**热爱社交**的物种，它们渴望与同类或是自己的主人产生更强的"链接"。因此，饲养鹦鹉的家庭需要为鹦鹉提供可以安全活动的空间，并且鹦鹉通常只在白天活动，**过长**或者**不正常的光照时间**都会对它们的身体健康造成影响。

为鹦鹉提供天黑后就可以安静休息的空间，以及白天供它们觅食玩耍的活动空间，这些都是在饲养鹦鹉之前需要考虑的问题。

④ 医疗条件

虽然目前来说，宠物医疗已经比较发达，但是作为异宠的鸟类医疗仍然有很大的发展空间。鸟类的生理结构决定了它们的**代谢快**，**病程发展更快**。

当鹦鹉出现生病症状时，是否可以在附近及当地找到匹配的宠物医院，并且主人是否能接受鹦鹉治疗所带来的费用负担，这些都是在饲养之前必须考虑的问题。

⑤ 温度环境

鹦鹉是一种**恒温动物**，**最佳**的饲养温度为 20~25℃，而我国的地理条件导致了不同地区之间温差较大，因此需要看实际环境温度是否符合饲养要求。大家常常看到各地的花鸟市场将鹦鹉养在室外售卖，因此也**习惯性地认为鹦鹉可以养在阳台或者户外**，但实际上，这种开放环境往往存在极端情况和大温差，并不适合鹦鹉生存。

在冬季为鹦鹉准备充足的保暖设施，在夏季考虑它们的降温措施，这些既是在实际饲养鹦鹉时需要解决的问题，也是许多鹦鹉饲养者在饲养鹦鹉之前并不知道的。

如果你已经准备好成为一名"鹦鹉家长"，那么接下来听听它们是怎么说的吧！

保温箱中的雏鸟
一般需要 30℃ 左右
的温度环境

第二章 我要有只鹦鹉啦

鹦鹉对家长的 10 句话

我是**攀禽**，嘴脚并用地来回攀爬是我的天性，会让我感到**快乐**，当你将我独自关在笼中时，请为我布置适合我攀爬的环境。

作为鸟类我感到自豪，能够在安全的环境中**自由玩耍和飞翔**会令我感觉心情愉快。

在特殊时期（如换羽期、青春期），激素变化会导致我**带来很多麻烦**，但这都不是我所能控制的，你的**包容与理解**可以帮助我顺利地度过这个时期。

我**生病**时可能会**极力隐藏**症状，因为在野外暴露生病状况，会导致我被族群抛弃以及被天敌捕食。但我其实并不知道我的病情会发展很快，因此带我去看病这件事只有拜托你了。

你的世界里有许多我不能理解的事情，但我想尽量跟你做同样的事，即使那是错的，是不该去做的，是可能危害到我的生命的，请你一定要**正确地引导并适时阻止我**。

057

我**不是标准化的产品**，我也有自己的个性、脾气与爱好，能够表达这些会让我感到被尊重与被爱。

如果你忙完了自己的事情，可以多和我在一起吗？我很**喜欢和你待在一起**。

我很希望可以陪伴你更长的时间，但如果**饮食不健康**，我也许会因为**疾病**而提前离开你。

当我与你建立联系后，我会认定你是**我的伴侣与最亲密的家人**。而作为宠物的我，若因为主人生活变动或者相处不愉快而被"放生"，面对陌生且没有食物的户外环境，这里的自然和鸟类将拒绝认可我。除了在你身边，**我将不再被这世间所接纳**。

如果在万不得已需要和你说再见时，请你一定要**一直陪在我的身边**。

第二章 我要有只鹦鹉啦

≫ 选择鹦鹉

做好自己及家庭成员的思想准备后,就可以着手选择一只鹦鹉了。由于不同品种鹦鹉的大小、性格及习性都不尽相同,**因此需要先选择鹦鹉品种,再选购笼具及各类用品**,这样可以避免购买回家的笼具或者玩具出现不适合或是不实用的情况。

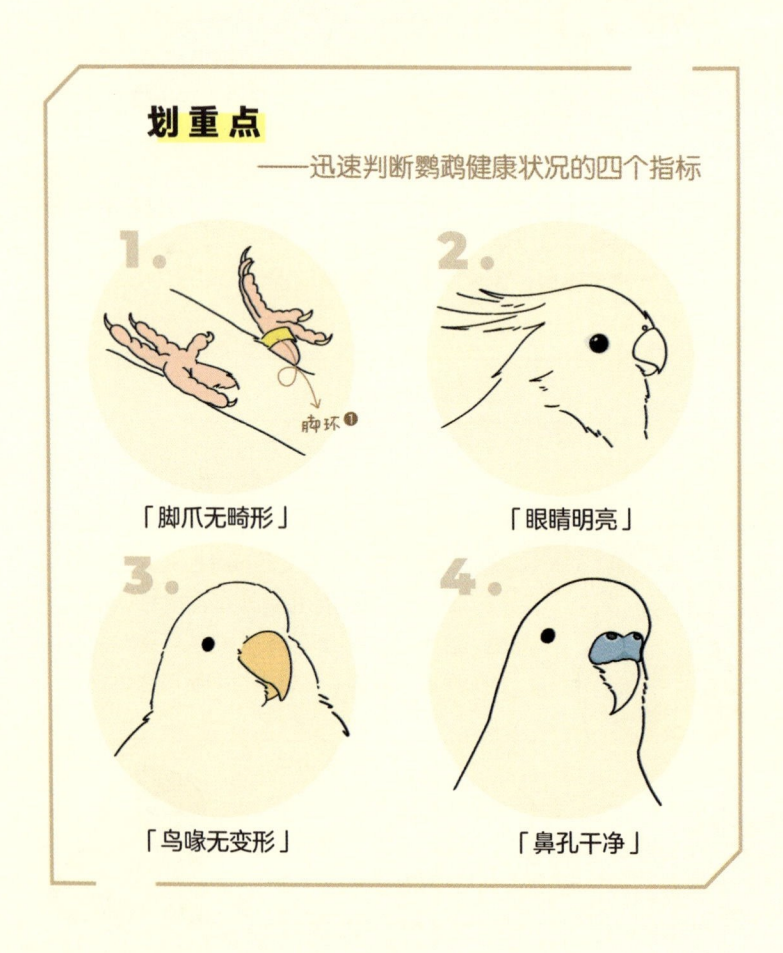

划重点
——迅速判断鹦鹉健康状况的四个指标

1. 「脚爪无畸形」 脚环❶

2. 「眼睛明亮」

3. 「鸟喙无变形」

4. 「鼻孔干净」

❶脚环:若是需要标识才可饲养的鹦鹉,则需要仔细检查脚环的环号与标识卡上的证号是否一致,标识详见 40 页。

☐ **精神状况**

活跃、对人有反应

☐ **叫声**

明亮、不微弱

☐ **羽毛**

光滑亮丽，干净不杂乱，无异常颜色，正常地贴在身上

☐ **眼睛及周围**

明亮干净，无异常状态的膜、液体、红肿

☐ **鼻孔及嘴角**

没有液体渗出

☐ **喙**

长度、质地正常，没有异常剥落或变形

☐ **脚爪**

抓握能力强，可以抓住站架

☐ **指甲**

长度正常，没有过度生长

☐ **脚底**

干燥、干净，没有脱皮、肿大或变色

☐ **尾部**

没有任何粪便粘连羽毛

第二章　我要有只鹦鹉啦

手养鸟与笼养鸟

① 手养鸟

确定好心仪的鹦鹉品种后,又需要做出新的选择了。刚刚接触鸟宠的新手鸟友常常会听到一个词——**手养鸟**。那什么是手养鸟呢?手养鸟顾名思义,指的是由人一手喂大的小鸟。所有小鸟在羽毛长齐且能独立进食、飞翔之前,都需要由鸟妈妈喂食,而由**人取代鸟妈妈**在小鸟成长期间喂养的小鸟,便是手养鸟。由于小鸟从懵懂到有意识,首先接触到的就是人,其习惯于人的靠近与互动,因此哪怕更换主人,手养鸟也不怕人。

② 笼养鸟

笼养鸟是指在人工环境下，通过人工饲养、繁殖等方式，限制在笼内生活且不与人类产生感情联系的鸟。

通常情况下，这样的小鸟都比较怕人，并且会因为陌生人的靠近而炸笼[1]、乱飞。**笼养鸟对人类的信任度非常低**，对人类非常警惕。如果买回家的是笼养鸟，那想要和小鸟亲密无间地玩耍、生活，需要主人付出很大的努力才行。

---

[1] 炸笼：鹦鹉在笼内突然非常激烈地活动，例如疯狂扑扇翅膀并在笼中乱撞，看起来像"炸开"了一样。

③ 介于笼养鸟和手养鸟之间的鸟

常常有新手鸟友发现，即使自己选择了商家所说的手养鸟，也似乎并没有体会到依赖与信任，小鸟的状态似乎**介于手养鸟与笼养鸟之间——既不是很怕人，也不亲人。**

这是因为手养鸟之间也有区别。从多少天开始手养、用什么工具喂奶、手养期间在什么样的氛围中成长，都会对雏鸟产生影响。下面有两个场景可以说明这个问题。

> **场景一**
>
> 一只在鹦鹉养殖场出售的手养鸟，通常从鸟蛋开始便离开了亲鸟，它们被挨个捡起，离开温暖的巢穴，与成百上千颗鸟蛋一起被送到专业的孵化箱中，在那里，它们被精确地监控直到孵化。破壳孵化后，它们每天由饲养员定时定量地用针管打入温热的食物，然后回到恒温的保温箱中待着，这一过程一般会持续到被出售。

> **场景二**
>
> 一只在家庭环境下出生的手养鸟，孵化通常由亲鸟完成，破壳后也与亲鸟一起住在孵化箱中。通常在破壳后的前20天由鸟妈妈亲自喂养，之后便由主人接手喂养。根据雏鸟的数量及主人的时间，在喂食方式上会有针管喂食与喂奶勺喂食的区别。家庭鸟舍由于每次需要照料的雏鸟数量较少，常常会选择用鹦鹉喂奶勺喂养。被接手喂养的雏鸟会住到恒温的保温箱中，等待主人每日喂食，同样也会在这个状态下待到被新主人接走。

这两种渠道出售的小鸟，其实都是人为介入喂养的，但人们常常感觉似乎家庭鸟舍的小鸟更亲人一些。有人说，这是因为它们是用勺子喂大的。那么影响手养鸟亲人与否的因素到底是什么呢？

答案是：与人的有效接触时间。

用针管喂食的雏鸟的主要生活场景是什么呢？

除了被喂食以及保温箱或笼具被清理时，它们很少有机会与饲养者产生有效互动。不管是鹦鹉养殖场还是家庭鸟舍，用针管喂食意味着喂奶需要高效完成。用针管打入奶液可以保障每只雏鸟在固定的时间摄入需要的食物量。

将针管插入雏鸟的嗉囊，轻轻一推，最快 2 秒就能完成一只雏鸟的喂食。这一过程只有食物的需求与被需求，并**不产生感情互动**。待雏鸟产生意识后，便会将拿着灌满奶液的针管的人与食物画等号，迅速吃饱后的雏鸟也会自觉地明白：这个人待在这里的时间结束了。快速喂食过程中的接触时间与主人耐心互动、悉心引导雏鸟熟悉环境的接触时间相比是无效的。

而用喂奶勺喂养雏鸟，通常意味着喂奶过程可以慢慢完成。专用的鹦鹉喂奶勺的形状模拟了亲鸟嘴的形状。除了会自动激活小鸟在基因里对鸟妈妈的依恋外，用喂奶勺喂奶这一过程常常要持续几分钟，中途还会夹杂着饲养者的**夸赞、爱抚与**

安慰。毕竟看到大口大口主动吃饭的"乖孩子",谁能忍住不去摸摸它的头,欣慰地表扬一句呢?

既然喂奶可以慢慢完成,那也意味着饲养者可以分配给雏鸟更多的时间,在喂食之外的时间,也能在雏鸟附近,时不时被雏鸟见到,并且饲养者可以亲切地抚摸,用温暖的手托起雏鸟,给予它们更多的夸赞与爱抚。

幼年时期的有效陪伴才是鹦鹉亲人的重要影响因素

讲到这里,你应该明白了**手养鸟亲人的关键**,并不是用喂奶勺喂养的鹦鹉更亲人,而是其背后代表的饲养者**分配给雏鸟的时间更多**——除了满足雏鸟对食物的需求,还与饲养者建立了感情联系。所以并不能武断地说,用喂奶勺喂养的手养鸟比用针管喂养的手养鸟更亲人。无论是喂奶勺还是针管,都只是用于喂奶的工具,真正让一只懵懂的雏鸟对人产生依赖,除了喂食之外还需要**有效的情感互动**,即需要**增加雏鸟与人接触的整体时间**。

半毛、齐毛和断奶的手养鸟

无论是在鹦鹉养殖场还是在家庭鸟舍购买鹦鹉,都可以根据需求选择半毛、齐毛或是断奶的手养鸟。

① 半毛

半毛是对雏鸟成长状态的一种形容,可以理解为"羽毛只长了一半的鹦鹉"。根据鹦鹉体型的大小,这个时间也会有所区别,例如半毛的虎皮鹦鹉大概在 14 天左右,而体型大一些的玄凤鹦鹉则需要 22 天左右。

白色部分是还没长齐羽毛的绒毛

② 齐毛

齐毛是指羽毛长齐并覆盖全身,已经开始学习吃固态食物,如种子或是滋养丸的鹦鹉,但是每天依然需要喂食 1~2 顿奶。同样,不同品种鹦鹉的齐毛时间也会有所区别,例如虎皮鹦鹉的齐毛时间为 25 天左右,而桃面牡丹鹦鹉则需要 35 天左右。

③ 断奶

指已经可以不吃鹦鹉奶粉,有自主进食能力,以固态食物为主食的鹦鹉。

关于鹦鹉雏鸟

Q. 购买断奶的小鸟就不亲人吗?

A. [不一定]

※ 新手从零天喂养,相当于还没出新手村就直接挑战"大Boss"

人们通常认为,断奶的小鸟不亲人,只有自己亲手喂大的小鸟才会亲人、黏人。因此,许多了解到手养鸟概念的鸟友都会选择购买雏鸟。

但是正如上文所说,影响鹦鹉亲人的关键并不是喂奶的方式或雏鸟的年龄阶段。**雏鸟亲人的核心在于主人与雏鸟的接触时间更多。**大部分人在接回半毛雏鸟后会细心照料,通常会用勺子喂食,时不时去陪伴、观察或者爱抚雏鸟。主人高度的关心与互动,是使人与鸟关系亲密的核心原因,而并非单纯因为这只雏鸟由主人喂奶长大。因此,如果是在雏鸟期间就被爱与关心包围着的鹦鹉,即使在齐毛独立后来到新的爱护它的家庭,在适应环境后,也会将新的主人及其家庭成员视为同伴,形影不离地跟着主人。新手需要认识到,作为没有任何喂养鹦鹉经验的新手，喂养雏鸟会面临更多风险，这相当于"越级挑战任务"。

当雏鸟出现拒食、喂奶困难、精神萎靡、粪便异常等情况时，往往会带给新手极大的困惑。新手可能还没反应过来，就要面临失去鹦鹉的情况。

这不仅会威胁雏鸟的生命安全，也会给新手带来巨大的打击。因此，应根据自身实际情况，选择状态良好且来源可靠的鹦鹉。

Q. 未断奶的幼鸟与断奶后的成鸟的嗉囊有什么不同？

A. [断奶后会收起]

未完全断奶的雏鸟，其嗉囊通常较大，吃饱后会明显鼓出；完全断奶的成鸟，即使吃饱，嗉囊也不会鼓出太多。

→ 未断奶

→ 已断奶

总结

新手养鹦鹉建议从家庭鸟舍选择亲人度较高的齐毛手养鸟，而有经验的鸟友则可以接回半毛雏鸟，体验喂养雏鸟带来的另一种乐趣。

第二章 我要有只鹦鹉啦

购买方式

提到购买鹦鹉的渠道，许多新手鸟友的第一反应便是花鸟市场。的确，在过去，大部分人都是在各地的花鸟市场购买宠物，但是，随着时代的发展，大家有了更多新的选择，这里列举了三种常见的购买方式。

① 花鸟市场购买

传统**花鸟市场**中售卖的鹦鹉**大多为笼养鸟**，且**饲养环境普遍较差**，常常是几十只鹦鹉被关在一个笼子里。新手在花鸟市场购买鹦鹉时，可能会因为不了解鹦鹉而买到亚健康鸟或者病鸟。

花鸟市场的鹦鹉状况一般不太好，且食物、用品和环境都不尽如人意

当发现在售鹦鹉的精神状况差、生活环境十分糟糕、
食物被粪便污染时，就要慎重考虑是否购买

  听起来花鸟市场似乎是一个很不好的选择，但是对于大多数鸟友来说，除了一些专门出售鹦鹉的实体门店外，花鸟市场是唯一可以**实地选择**的地方。

  如果决定在花鸟市场购买鹦鹉，可以多去几次，**仔细观察**在售鹦鹉的精神状态、对人的反应、居住环境的卫生情况等。如果店里井井有条、卫生整洁，对在售鹦鹉管理规范，雏鸟及成鸟活泼健康、亲人度高，对于需要标识的品种也有相应的手续，就可以选择在此处购买。

第二章　我要有只鹦鹉啦

② 同城购买

同城购买时，除了选择商家售卖的鹦鹉外，也可以选择个人卖家家庭繁育的鹦鹉。

可以饲养的鹦鹉分为不需要标识的品种及需要标识的品种。个人卖家可以合法繁育的只有虎皮鹦鹉、玄凤鹦鹉及桃面牡丹鹦鹉。

如果决定饲养上面这三个品种的鹦鹉，可以通过一些同城软件或是本地的鸟友群，搜索符合自己要求的个人卖家。在本地选购鹦鹉是最推荐的一种方式，如距离较近，可以选择上门自提或通过本地顺风车运输。鹦鹉到新家的**路程越短**，在路途中**需要承担的风险就越低**。

同城购买可以直接看到雏鸟的实际状况，在接回家的时间上也更为灵活方便

③ 外地购买

↓
雏鸟及幼鸟
需要保温的环境

一般通过保温箱或泡沫箱运送

目前使用较多的宠物鹦鹉运输方式有大巴宠物托运、火车宠物托运及宠物专车托运，而根据购买城市的距离，路程费用会相应增减。因此，购买鹦鹉的费用除了鹦鹉本身的价格，还有额外的宠物运输费用，通常为几百元。

由于鹦鹉是比较脆弱的动物，长距离的运输有一定概率对它们的健康造成影响，例如出现应激状况、无法进食补充能量等，所以应尽量选择购买本地的鹦鹉。

购买鹦鹉常见问题解答

Q. 为什么不要通过快递购鸟？

A. [不合法且不安全]

- 依据《中华人民共和国邮政法实施细则》第五章第三十三条中的第（六）条，禁止寄递或者在邮件内夹带各种活的动物。
- 即使一些商家通过违法操作邮寄鹦鹉，鹦鹉的健康也很难保障。
- 由于商家是违法操作，如果在物流途中出现运输问题，作为购买者很难维护自己的权益。
- **拒绝快递动物是对动物的尊重。**

Q. 从外地购鸟如何保障自己的合法权益？

A. [视频确认、及时录像]

在鹦鹉运出前，需要通过视频与对方确认鹦鹉的健康状态，如果是有标识的鹦鹉，需要记录、核对脚环号。在收到鹦鹉时，应全程录像，完整地记录鹦鹉的精神状态、外观，核对鹦鹉的脚环号，确认无误后再停止录像。

Q. 鹦鹉的趴度指的是什么？
什么是低趴、中趴、高趴？

A. [某种色彩的百分比]

趴度（Percentage）即百分比，其主要是形容某种颜色的羽毛或者浅色羽毛在鹦鹉身上的占比，占比越高趴度越高。

一些基因突变的鹦鹉，其羽毛颜色的比例并不是固定的，因此会有"趴度"的形容。但趴度并不代表鹦鹉品质的好坏，它只是鹦鹉身上颜色的分布趋势，而这一点完全取决于主人的喜好。

以小太阳鹦鹉为例，正面的红色羽毛比例越多，就意味着趴度越高。

红色羽毛的面积由少到多，即其在鹦鹉羽毛总面积中占有面积的百分比越来越高

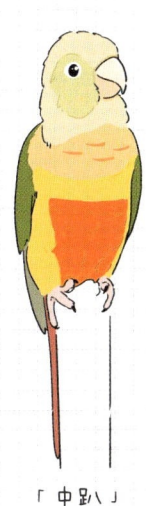

「低趴」　　　「中趴」　　　「高趴」

》物品准备清单

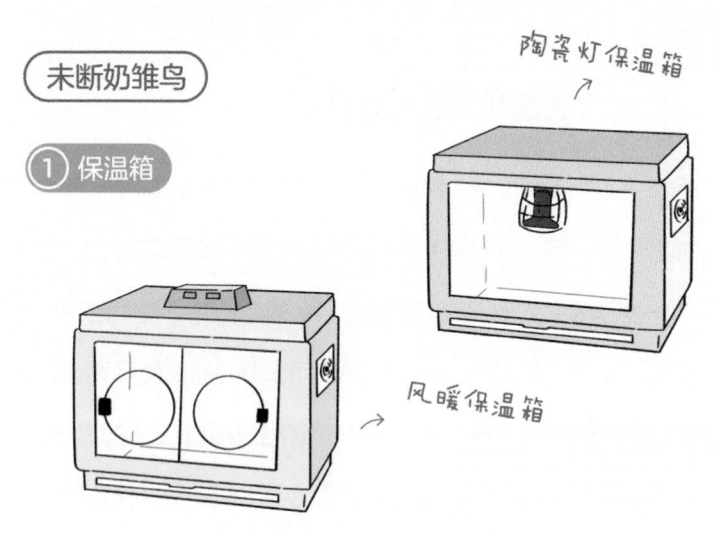

(未断奶雏鸟)

① 保温箱

陶瓷灯保温箱

风暖保温箱

保温箱常常被许多新手误认为是进阶级饲养者才需要购买的，他们常常会产生这样的疑惑："我需要买这么专业的东西吗？"实际上，对于饲养者来说，保温箱应该作为**养鸟的必备品**来准备。保温箱**不只是喂养雏鸟的必备品**，由于鹦鹉的基础体温比较高（40℃左右），对于生病的鹦鹉来说，最重要的护理措施也是保暖，所以保温箱也是日后**鹦鹉生病时的"休养舱"**。根据预算选择一个合适的保温箱是非常有必要的。

② 垫料或尿片

鸟类由于生理结构的影响，呼吸系统较为敏感。保温箱内的透气性较差，因此需尽量使用无粉尘的垫料或宠物尿片。

③ 鹦鹉奶粉

鹦鹉奶粉是把各种食物（例如谷物）研磨成细细的粉末后，再添加各类营养元素制成的，是专门为鹦鹉成长研发的鸟类奶粉。加入热水冲调后即可调制成液态鹦鹉奶。不同品牌的营养成分也会有所差异，关于奶粉的冲泡比例，在包装上都能找到。

④ 喂奶工具

常见的喂奶工具有喂奶针管和喂奶勺。使用喂奶针管时需要将软管插入鹦鹉的嗉囊中，对于首次使用的鸟主人来说，在操作上**存在一定的难度**。使用喂奶勺可以全方位地体会到给雏鸟喂奶的乐趣，但如果喂食过急或强制灌奶，可能会导致雏鸟呛奶，造成窒息。

⑤ 温度枪或温度针

调好的奶液的温度应在 40℃左右，过高的温度会烫伤雏鸟的嗉囊，而过低的温度则会影响食物的消化。温度枪或温度针可以较准确地测量温度，避免因温度不合适带来的问题。

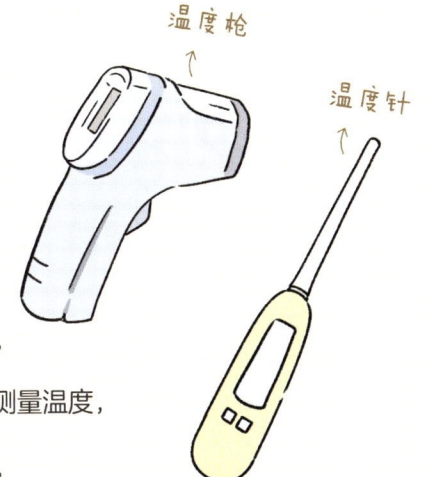

温度枪

温度针

「喂奶工具选择指南」

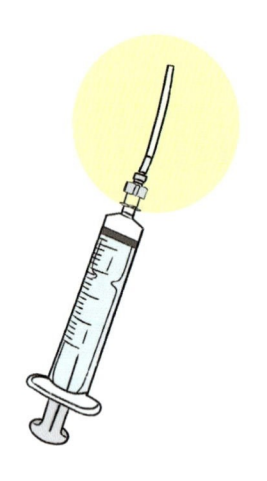

1. 喂奶针管

2. 喂奶杯、勺

用于调制鹦鹉奶粉的喂奶杯（只盛放一次的量）和专门针对鹦鹉喙设计的勺子（更便于幼鸟食用奶液）

① 喂奶钢针

对于中小型鹦鹉来说，要慎重使用金属材质的喂奶管，如使用不当很容易对雏鸟造成伤害

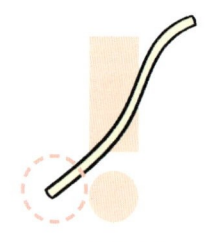

② 喂奶软管

没有接头的喂奶软管容易在喂食过程中脱落导致雏鸟误吞

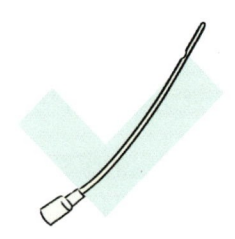

③ 带接头喂奶软管

有接头的喂奶软管可以很好地固定在针管上

/ 物品准备清单 /

⑥ 数字温度计

非专业级保温箱显示的设定温度通常不是保温箱内部的真实温度，因此需要在内部再增加一个数字温度计，以确保温度达到需求。

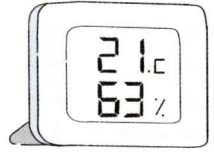

⑦ 专业毛巾或纯水湿巾

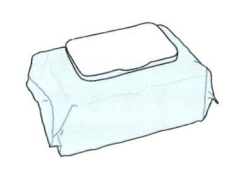

用勺子喂奶很容易使鹦鹉嘴下方的羽毛粘上奶液，为避免奶液结块，每次喂完奶后应及时用湿毛巾将羽毛擦拭干净。

⑧ 体重秤

鹦鹉的体重是评估其健康状况的重要指标之一，从鹦鹉到家开始，无论年龄大小，都应该准备一个体重秤。

尽量选择高精度和准确性高的体重秤，在购买时需要注意选择带有数字显示屏且易于读取数据、**具有稳定的平台**或者可以平稳放置桌面站架的款式。

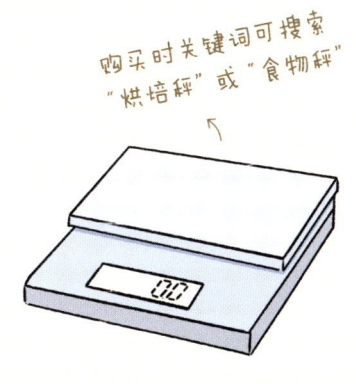

桌面站架

购买时关键词可搜索"烘焙秤"或"食物秤"

亚成年鹦鹉及成年鹦鹉

① 笼子

横向空间较大的全横丝笼 ✓

竹笼（雀鸟笼）✗

不同材质笼子的问题：亚克力笼子美观度高，但是易花、难清洁；钢化玻璃笼子美观度也很高，但是笼子重、玻璃有炸碎的可能性。

不同底盘的区别：抽屉盘清理十分方便，但缝隙处会有卫生死角；整体盘清理时需要拆卸，较麻烦。

② 饮水碗（壶）

撞针出水口

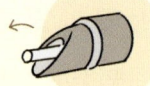

可悬挂撞针水壶，但可能会有鹦鹉不会用，选择普通的食盆做水碗也很好。

撞针水壶

③ 果蔬夹等

果蔬叉

需准备一些用于给鹦鹉提供新鲜水果或蔬菜的工具。

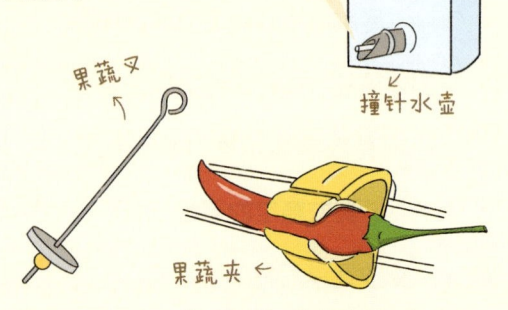

果蔬夹

④ 栖木

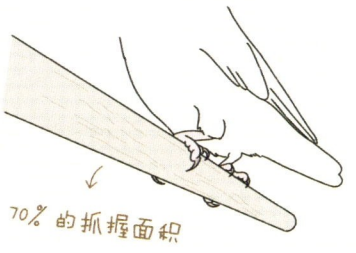

鹦鹉常站的主栖木粗细以**爪子能抓握 70% 的面积**为最佳，可选择的材质有合成材料类（树脂类、石英砂类、塑料类）和原木类等。

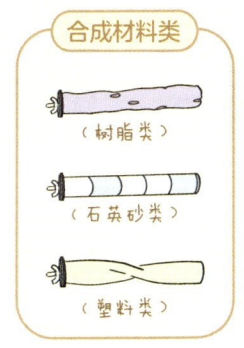

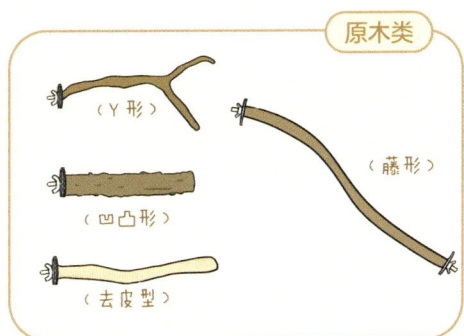

↓ 70%的抓握面积

合成材料类
（树脂类）
（石英砂类）
（塑料类）

原木类
（Y形）
（凹凸形）
（去皮型）
（藤形）

笼子内安装的栖木有多种款式，可以根据需求选择

⑤ 站架

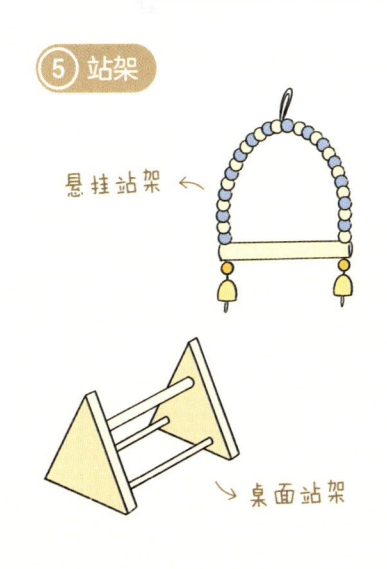

悬挂站架一般挂在笼子内部。桌面站架一般用于鹦鹉出笼玩耍或者配合称重使用，通常不放在笼子内部。常见的有T形站架或者三角形站架，桌面站架十分方便主人在鹦鹉出笼玩耍时陪伴鹦鹉并进行**互动**。

悬挂站架 ←

↓ 桌面站架

⑥ 食盆

可以多准备几个食盆，放置于笼子不同的位置，为鹦鹉增加觅食的乐趣。

⑦ 玩具

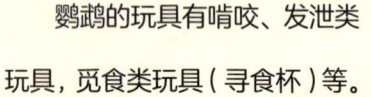

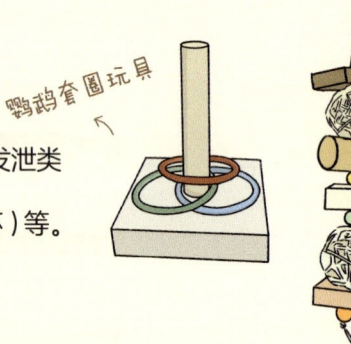

鹦鹉的玩具有啃咬、发泄类玩具，觅食类玩具（寻食杯）等。

← 鹦鹉套圈玩具

⑧ 消毒工具

需要对笼具、环境、工具和其他物品进行消毒，以防止细菌和病毒的传播。不能使用如84消毒液等刺激性大的消毒液，需要购买鸟类专用消毒液，也可以选择成分中含有次氯酸钠的消毒液。

⑨ 其他鹦鹉用品

【尿不湿】

可接住鹦鹉的粪便，如需要使用的话**一定要勤换勤洗，避免久戴**。也需要观察鹦鹉的意愿，不要强迫鹦鹉。

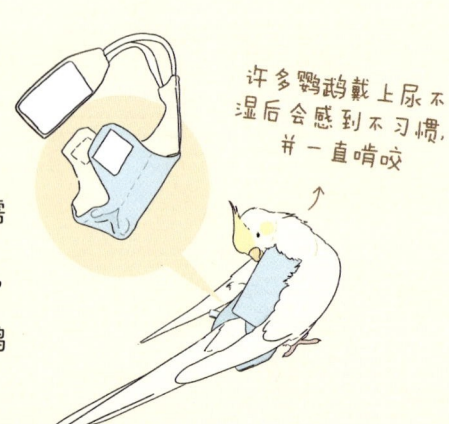

许多鹦鹉戴上尿不湿后会感到不习惯，并一直啃咬。

【飞行绳】

若无外出笼，外出时可使用胸背式飞行绳，鹦鹉可能会非常抗拒，但不佩戴会有飞丢风险。

胸背式飞行绳

【外出笼】

可以带鹦鹉外出做检查或游玩，相比只穿飞行绳，**外出笼更安全、更有保障**。可根据天气情况选择不同材质的外出笼，冬季外出要防风，夏季外出则要通风。

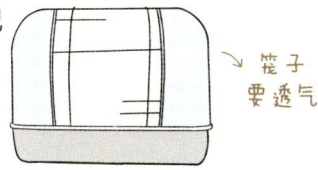

笼子要透气

需要慎重使用的物品清单

① 棉质物品

包括棉窝、棉绳玩具等所有棉质物品，如鹦鹉被棉线缠绕会有窒息风险。

棉绳　棉窝

② 镜子

会使鹦鹉过度发情。

③ 脚链

鹦鹉不适合用脚链养在架子上，在受到惊吓突然飞起时，容易因为脚链的拉扯而受伤。

不适合鹦鹉使用的物品

草窝

鹦鹉十分喜欢啃咬,草窝很容易被咬断,散落的干草容易在鹦鹉进出草窝或继续啃咬玩耍时缠住鹦鹉的身体,导致极端情况发生。

→ 更适合雀形目鸟类

铃铛类玩具

设计不合理的铃铛结构会让鹦鹉把嘴卡在铃铛里。

这种内部结构会卡住鸟喙

脖环

脖环一般是用来拴住鹦鹉的,其作用和结构类似狗的项圈,但当鹦鹉受到惊吓突然飞起时,这种拉力会对鹦鹉脆弱的脖子造成伤害。

/ 物品准备清单 /

(鹦鹉物品常见问题解答)

Q. 市场上的保温箱五花八门，该如何选择？

A. [根据预算进行选择]

【风暖保温箱】

价格从几十元到几千元不等，小型保温箱大多非品牌量产，这类风暖保温箱主要由不同的材质、柜体风扇和加热板制成，而温度则由 1~2 个温控器来控制。

风暖保温箱分为单温控和双温控两种温度控制方式。单温控风暖保温箱在温度控制方面有一定的安全隐患，可能会由于温控器失效导致保温箱温度失控，严重时会直接造成雏鸟死亡。而双温控风暖保温箱则是为温度控制上了保险，可有效防止温度失控。

由于简单的风暖保温箱结构并不复杂，许多动手能力强的饲养者还会自选材料制作自己喜欢的保温箱。进口专业级风暖保温箱价格较贵且体积较大，多为鹦鹉养殖场零天喂养或宠物医院看护病鸟时使用。

【陶瓷灯保温箱】

陶瓷灯保温箱通常使用板材或木质柜体，加上保温箱顶部悬挂的陶瓷灯，通过陶瓷灯散发的热量达到为小空间加温的目的。

由于结构简单，这类保温箱的价格相对风暖保温箱更低。

但由于陶瓷灯内置于柜体，当雏鸟或病弱成鸟在保温箱内扑扇翅膀或飞起时，会有烫伤隐患。

❋ 价格排序：进口专业级风暖保温箱 > 双温控风暖保温箱 > 单温控风暖保温箱 > 陶瓷灯保温箱

可以在自己的预算范围内尽量选择贵一点的保温箱，并且要了解它们存在的隐患。这样，无论是哪一种保温箱，都可以最大可能地在安全范围内使用它们。

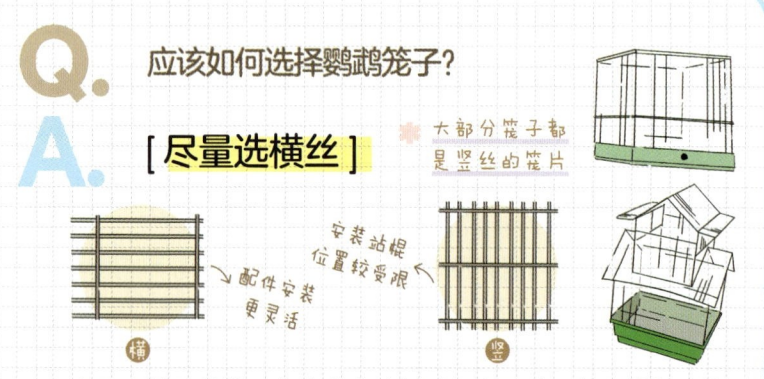

Q. 应该如何选择鹦鹉笼子？

A. [尽量选横丝]

大部分笼子都是竖丝的笼片

横 — 配件安装更灵活

竖 — 安装站棍位置较受限

市面上的鹦鹉笼子大多由多种材质组合而成，笼丝的材质也有所区别，而笼丝材质的差异会直接影响价格的高低。例如，不锈钢或不锈铁材质的笼丝价格会高于喷漆铁丝材质的笼丝。

在空间上，纵向空间较大的笼子并不一定会受到鹦鹉的欢迎。鹦鹉比较喜欢待在笼子中较高的地方，因此，纵向空间大的笼子的下半部分会被浪费，不如横向空间大的笼子。

对于每一款笼子来说，并没有绝对的好坏之分。重要的是了解自己当下的需求，在经济允许的范围内，尽量选择笼丝材质更好、横向空间更大、笼丝为横丝的笼子。

Q. 我需要为鹦鹉准备窝吗?

A. [非必需品]

椰壳窝优于棉窝↗

在野外环境里有筑巢习惯的品种，如和尚鹦鹉，可能会比较偏好使用窝，但并不是所有品种的鹦鹉都会喜欢使用。对于大部分鹦鹉来说，窝只是繁殖期需要的东西，并不是日常睡觉的场所。它们在野生环境下的繁殖主要靠寻找天然的树洞或者岩洞。在笼中出现的窝会刺激它们本能中的繁殖冲动，需要时，应优先选择对鹦鹉安全隐患更小的窝。

Q. 为什么不推荐使用圆形笼子?

A. [有安全隐患、适配度较低]

首先，圆形笼子的结构具有危险性。圆形笼子顶部的笼丝是汇聚的，对于鹦鹉这种爱攀爬的动物来说，笼丝的间距并不均匀，是由宽变窄的，而窄的部分则容易将鹦鹉的脚爪、喙、尾羽，甚至整只腿卡在里面。

其次，圆形笼子<mark>很难搭配各类用品</mark>。因为多数鹦鹉用品是专为方形笼子设计的，适配圆形笼子的用品很难买到。

> 有观点认为，方形笼子上方有明确的四个边角，便于鹦鹉选择自己认为安全的躲避角落，更有安全感。

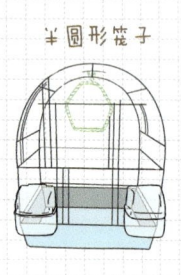

圆形笼子　　半圆形笼子

Q. 是养一只鹦鹉好还是养两只好，我需要让它们做个伴吗？

A. [取决于陪伴时间]

对于鹦鹉这种热爱群居和社交的动物来说，如果它们能感觉到自己处于群体中，并且能得到有效的社交互动，以及足够多的来自主人的关心与照顾，在这样的情况下，养一只鹦鹉也可以。对于鹦鹉来说，这个群体是否由同类组成并不重要，重要的是这个群体能满足它的社交需求及情感需求。

如果鹦鹉与主人朝夕相处的时间比较少，且总是单独待在笼子里，大部分时间无法进行社交活动，那么有可能会使鹦鹉产生心理问题。

Q. 如果养两只鹦鹉，该买一对吗？

A. [取决于需求和政策]

一些品种的鹦鹉是不允许私人繁育的，例如和尚鹦鹉、小太阳鹦鹉等。如果配对后主人又收走了它们的蛋，那么这种一直都在努力却得不到结果的情况，会让"小夫妻们"感到很困惑。另外，配对后的鹦鹉将完全专注于自己的家庭生活，对主人的依赖性可能会大大降低，甚至可能会对主人产生攻击行为。

如果只是想为鹦鹉找一个伴侣，可以考虑为它选择一个同性伴侣。在鸟类群体中，并不是每一只鸟都能找到合适的配偶，所以同性结成伴侣一起生活的情况也很多，但这种关系更像是家人。

Q. 不同品种的鹦鹉可以养在一起吗？

A. [建议分笼]

虽然中小型鹦鹉的体重悬殊并不大，但它们的攻击能力却有强弱之分。如果将不同品种的鹦鹉关在同一个笼子里，例如小太阳鹦鹉和玄凤鹦鹉，一旦它们发生争执，毫无还击能力的玄凤鹦鹉可能会被"一口咬一个洞"的小太阳鹦鹉咬成残疾。如果要饲养不同品种的鹦鹉，最好分笼并做好隔离及过渡措施。

03

>> 雏鸟
>> 幼鸟

第三章
我的鹦鹉回家啦

» 雏鸟

前文其实已经提到过雏鸟喂养的许多风险,若是想让雏鸟亲人,应该选择在爱与关怀下成长的雏鸟。虽然**并不推荐新手饲养雏鸟**,但常有许多新手在不了解真实状况的情况下,将雏鸟带回家。因此,在这里列出了一些照料雏鸟的注意事项。

设置保温箱

对于雏鸟来说,进入家庭后需要住在恒温的保温箱内,直到能够独立为止。

① 位置

雏鸟的保温箱应该选择安置在家中避风、较安静的地方。雏鸟需要更多的睡眠时间,但光照对其来说也很重要,因此不能将保温箱放置在避光的地方,需要让雏鸟可以正常感知到白天与黑夜。

② 数量

一般来说,家中有一个保温箱就足够了,但是如果饲养了多只鹦鹉,则建议准备两个保温箱。多出的保温箱是为了应对鹦鹉生病的情况,病鸟要单独隔离观察、护理及休养。

单独隔离观察、护理的病鸟

单独查看粪便

③ 布置

站不稳的雏鸟的笼中不需要放置站架或者食盆、玩具等。不可在保温箱中放入任何**尖锐或边缘锋利**的物品。雏鸟的嗉囊部位无羽毛覆盖,在吃饱的状态下会鼓起,非常脆弱。如果接触到尖锐的物品,会有划破嗉囊的风险。如边缘锋利的纸箱等,不要用来放置雏鸟。

对于已经可以站稳的雏鸟,可以在保温箱中放入桌面站架。

如果是开始学吃的雏鸟,可以在保温箱中放入食盆并放入少量的谷穗或滋养丸❶。

第三章 我的鹦鹉回家啦

---

❶滋养丸:详见 117 页"组合喂养"。

④ 温度

不同时期的雏鸟，对保温箱的温度要求不同。

半毛雏鸟	齐毛雏鸟	断奶雏鸟
32℃ — 30℃	30℃ — 28℃	28℃ — 26℃

⑤ 湿度

保温箱内的湿度应控制在40%~50%，合适的湿度有助于保持雏鸟皮肤的健康及确保新羽毛的正常生长。

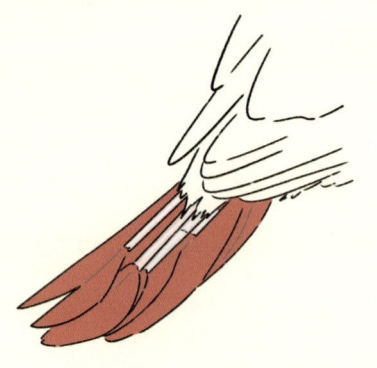

⑥ 垫料

应避免雏鸟直接接触垫料，需在保温箱底部铺设底网。如果雏鸟直接接触尿垫，鸟爪上容易粘上鸟屎，长此以往会影响雏鸟的健康。而像玉米芯等不当垫料直接与雏鸟接触时，有被雏鸟误食发生梗阻的风险。

选择保温箱中的垫料时，可以按**低尘、无香味**的标准进行挑选，并且注意每日按时更换新的垫料或者垫纸，以确保保温箱内的环境干净整洁。

喂奶

① 调奶

【浓稠度】

不同品牌的奶粉有不同的冲调标准，可以参考奶粉包装上的建议浓度。对于 21 天左右的雏鸟，其奶粉冲调时的水粉比大约为 3∶1。雏鸟越大，所需要的奶粉越稠。

【重量】

每次喂食的重量约为雏鸟体重的 10%。

② 调温

【温度】

奶液温度控制在 40℃左右。

【试温】

建议使用食物用的温度枪或温度针监控奶液温度，既方便又准确。如没有专业工具，可用虎口测温，将奶液滴在虎口上，感觉温热不烫即可。

> **Tips.**
> 当使用微波炉加热时，需要彻底搅拌，以保证温度均匀。

「喂奶工具操作方法」

方法 1

- 喂奶勺 -

更为安全、推荐的方式

喂食时,将调好的奶液装到**勺子的** 1/2 即可,如装满则容易溢洒,影响喂食。应让鹦鹉主动进食,强行灌食容易因呛奶而导致严重的窒息。

喂奶时需用手握住鹦鹉头部以外的区域,以固定鹦鹉的身体。鹦鹉主动进食时,应**缓缓提高**喂奶勺的角度,以 20°~ 45° 的角度倾斜喂入。

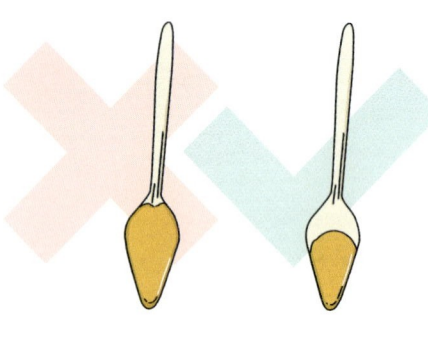

喂奶勺不要装得太满

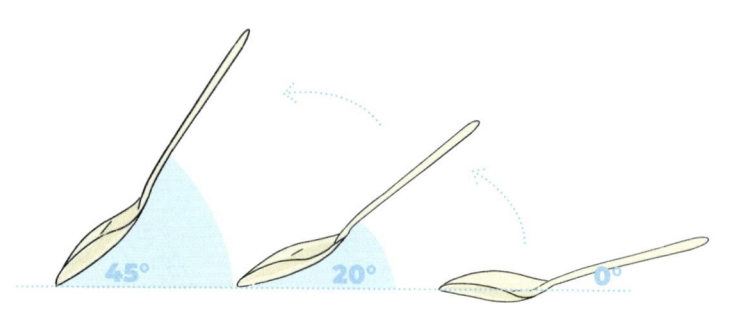

在使用时,先使喂奶勺与鸟喙平行,并确保其可以抬至 45°,这样的角度便于雏鸟吞食

步骤 01

固定鹦鹉身体,做好喂食准备

步骤 02

慢慢撬开鸟喙

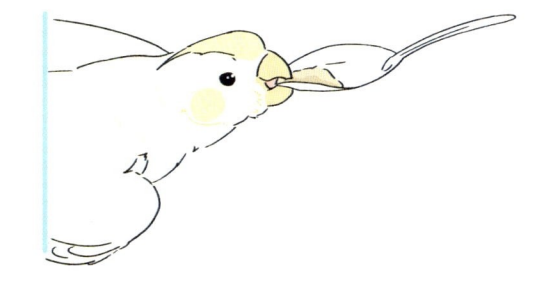

步骤 03

用手稳定鹦鹉的身体,使其可以自行吞食奶液

第三章 我的鹦鹉回家啦

「喂奶工具操作方法」

方法 2

- 喂奶针管 -

不建议新手使用的方式

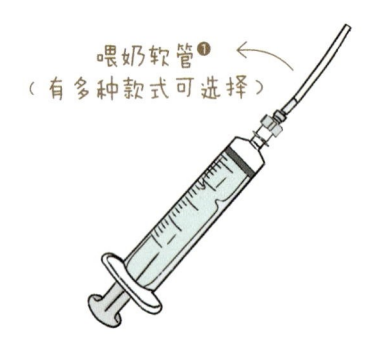

喂奶软管❶
（有多种款式可选择）

用喂奶针管给雏鸟打奶时，喂奶软管会经过食道直接进入嗉囊，然后将奶液注入其中直至嗉囊饱满，这一过程简称为"打奶"。

但由于是通过**外物直接介入**雏鸟内部器官进行喂食，因此打奶行为本身就存在一些**安全隐患**，如喂奶软管脱落在嗉囊内，或是力度、方向错误，对雏鸟的食道及嗉囊造成伤害。

将喂奶软管靠近雏鸟嘴边，轻轻打入少量奶液。当雏鸟脖子上下缩动，做出吞咽动作并张大鸟嘴时，可将喂奶软管沿雏鸟食道轻轻塞入，让雏鸟主动吞下。随后轻触嗉囊，感觉到嗉囊中有喂奶软管时，再将奶液打入。

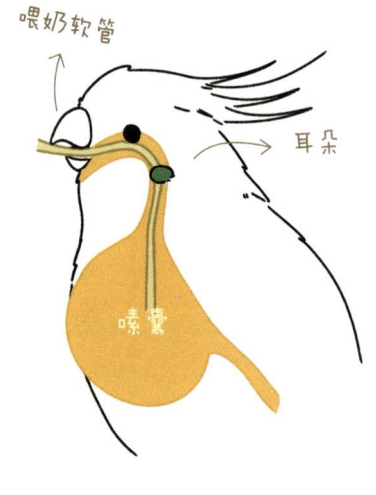

喂奶软管

耳朵

嗉囊

如果雏鸟挣扎严重、向后退缩，要及时停止打奶！

❶喂奶软管：详见 76 页"喂奶工具选择指南"。

注意事项

「即使吃得满身都是,也没什么毛人的啦!」

结块的奶液

- 关于喂奶勺 -

给雏鸟喂奶时容易将奶液溅洒在雏鸟的脖颈及嗉囊上,可以准备一包纯水湿巾或专用的小毛巾,每次喝完奶后立刻擦干净。如果不及时清理,奶液会一层层地结痂,堆积在羽毛上。如果已经结痂,不可采用洗澡的方式清洗。可以用温水将奶痂软化后,轻轻擦掉,如果实在擦不掉也不用过于担心,雏鸟齐羽后会经历一次换羽,就能逐渐换掉羽毛。

「使用喂奶针管的雏鸟特点:身上很干净!」

- 关于喂奶针管 -

用喂奶针管打奶需要一定的经验,如果从未尝试过,最好让售卖鹦鹉的商家或个人卖家**当面教导**喂奶的手法。如果雏鸟因心理或生病原因产生拒食的情况,用喂奶针管打奶补充体力就是雏鸟保命的必要措施,可以向当地鸟医求助,学习正确的打奶手法或直接让鸟医代为操作。

互动

① 玩耍及陪伴

雏鸟在由半毛到齐毛的阶段，白天睡觉的情况会逐渐减少，清醒的时间会越来越长，感觉到有人在周围时也会大声鸣叫求奶。雏鸟在吃饱后如果没有立刻入睡的意愿，可以在温度合适的环境中，将它放在手心上轻轻抚摸并呼唤它的名字，把它当作小朋友一样与它交谈，夸奖它今天的表现。

当雏鸟开始不停扑扇翅膀，有学飞意愿时，应当为它提供更多的玩耍时间，并且确保学飞环境的安全性。

> **Tips.**
> 由于雏鸟羽毛覆盖较少，如果周围环境比保温箱环境的温度低 5℃ 或以上，则不宜将其拿出保温箱互动玩耍。

② 学飞

学飞期是很好的互动时间，这一过程就像父母教孩子走路一样，充满着爱意。鼓励幼鸟飞行，哪怕只飞了一点点，也会让它感到非常幸福、充满成就感，并且能够更快地掌握飞行技能。但是学飞期也有许多危险，除了在幼鸟身边保护它之外，还有下面几个事项要注意。

注意

① 屋内门窗要关好——即使刚学飞的幼鸟也可能飞丢；
② 需要拉好窗帘——幼鸟有可能会撞窗；
③ 镜子需要遮挡起来——幼鸟无法分辨镜子，可能导致撞伤；
④ 学飞期间不能剪短飞羽——由于幼鸟吃饱后嗉囊比较大且飞行能力差，若剪羽后从空中摔落，可能会导致嗉囊破裂。

观察状态及记录

在**固定的时间**为雏鸟称量体重，并且记录每日的喂奶量、摄入食物种类等情况。记录表可以帮助"家长"快速记录雏鸟的情况，并且在需要提供就诊资料时为医生提供尽可能准确的信息，帮助其快速诊断雏鸟的健康状况（可使用本书赠送的表格来进行每日的记录）。

雏鸟喂养常见问题解答

Q. 每天应该喂多少次奶?

A. [3~4 次]

饿着~

饱了!

※ 吃饱后嗉囊会明显鼓起

这与鹦鹉的破壳天数有关，不过大多数半毛的小型鹦鹉为 25 天左右，每天需要喝 3~4 顿奶。在每次喂完奶后需要观察雏鸟的嗉囊是否已经充满食物，体重 10% 的食物量并不是唯一的衡量标准。如果雏鸟的嗉囊并未饱满且有强烈的喝奶意愿，可以继续将雏鸟喂至嗉囊饱满，直到不再想喝奶为止。如果在下一次（3h 以后）喂奶时，发现嗉囊中之前喂入的奶液还未消化，则可能是消化异常。

Q. 如何判断雏鸟是否应该断奶以及何时断奶?

A. [观察情况]

当雏鸟开始不认真喝奶,喝两口就开始玩,对周围一切事物都十分感兴趣,主动啃咬时,就可以开始引入固体食物,如谷穗、滋养丸、蛋小米❶等。但这种断奶过程实际上是比较缓慢的,它们刚开始吃时不一定会全部吃进去,主要是玩耍、啃咬。因此,即使看到雏鸟有吃固体食物的行为也不可以因此断奶,还是需要监测雏鸟体重,继续喂奶,同时关注其固体食物的摄入情况。

Q. 帮助雏鸟断奶应该关注什么?

A. [关注体重]

断奶时一定要密切关注雏鸟的体重,此时体重减轻 10%~15% 都是正常的,如果体重下降更多则不能断奶。不同个体对于断奶时间的需求也有所不同,所以并没有一个适合所有雏鸟断奶的时间。以下是一些帮助雏鸟断奶的诀窍。

【谷穗】

许多鹦鹉都很难拒绝谷穗,饲养者可以从谷穗入手,慢慢引入其他固体食物。

---

❶蛋小米:将蛋黄与黄小米混合后用小火炒熟的鹦鹉食物。

【使用盘子】

将雏鸟爱喝的奶放在盘子中,以此代替用勺子直接喂食。当雏鸟接受这种进食方式后,便可以慢慢加入一些固体食物,如滋养丸等,引导它在盘子中进食。

【带动】

利用鹦鹉喜欢与同伴统一行动的习性,可以让成年鹦鹉带动"断奶困难户"尝试固体食物,或者自己假装吃给它看,让雏鸟产生尝试的欲望。

Q. 如何让雏鸟知道自己的名字?

A. [互动、喂奶时呼唤名字]

除了每天的互动时间外,在喂奶时呼唤名字,也是一个非常容易让雏鸟对名字产生反应的行为。随着雏鸟逐渐长大,它会意识到这个特定的词语是在呼唤自己。

Q. 喂养多只雏鸟时，如何让它们分辨自己的名字？

A. [单独呼唤]

对着两只及以上的雏鸟呼唤其中一只的名字，会使雏鸟很难分清该词语的意义。所以，应在接触及喂奶时，单独呼唤它的名字。

Q. 已经可以独立吃食的鹦鹉喝奶，会有什么影响吗？

A. [一般来说影响不大]

产生这种依赖是比较正常的，总有一天它们会突然不再想喝奶。再大一点以后，即使喝奶也只是用嘴蘸取勺子上的奶液，并不会再像小时候一样张嘴大口吞咽。如果家中同时有雏鸟及成年鸟，即使已经断奶很久的鹦鹉也会因为主人在喂奶而重新对奶液产生兴趣。

※ 鹦鹉在成年以后喝奶，虽然是浅尝一下，但依然很喜欢

第三章 我的鹦鹉回家啦

≫ 幼鸟

（幼鸟鸟笼的放置）

① 放置原则　　避风、可以感知到日光

可选择书房、客厅或闲置房间的角落放置鹦鹉笼子。

不适合的位置

【门边】
会有鹦鹉飞丢的风险。

【有人走动的过道】
夜间容易影响鹦鹉休息。

【卧室】
会影响主人休息。

【常用的窗边】
频繁开窗会导致这个位置局部温度变化和风较大，而且开窗有鹦鹉飞丢的隐患。

② 鸟笼的高度　　与人眼平齐

根据鸟类在自然环境中的生存策略，它们通常喜欢选择更高的栖息点，以便观察和避开威胁。将笼子放置得过高，可能会使鹦鹉感觉自己处于主导地位，从而表现出更强的领地意识和攻击性；而过低则可能导致它们感到不安。因此，使笼子顶部高度与人眼平齐或略低，将有助于主人与鹦鹉互动，建立信任及亲密关系。

静养及过渡期

① 静养

幼鸟刚到家时需要做的第一件事就是不打扰它,让它休息一段时间。虽然相对成鸟来说,幼鸟对环境转变的接受度更高,但幼鸟已经具备了一定的辨认环境及陌生人的能力,因此来到陌生的环境时,幼鸟会本能地紧张。

> **Tips.**
>
> 由于无法辨认玻璃门窗,对于野外的鸟类来说,玻璃门窗就像是"死亡之门"。但对于很多家养的宠物鹦鹉来说,除了在雏鸟期没有认知外,成年后在家中探索、玩耍时会逐步意识到玻璃的存在。因此,对于刚到家的幼鸟(一般也是刚学飞的幼鸟),应该做好环境的防护措施,例如幼鸟出笼玩耍及放风时要把门窗关好,窗帘拉起。

② 过渡期

如果家中有其他鹦鹉,那么要将新接回家的幼鸟隔离在不同的空间中,确定新成员身体健康、无传染病、行为正常后才能与家里的"原住民"**逐步接触**。

幼鸟回家常见问题解答

Q. 鹦鹉双病毒是什么?

* APV - 鸟多瘤病毒
[Avian polyomavirus]

PBFD - 喙羽症
[Psittacine beak and feather disease vrius]

A. [APV & PBFD]

接新成员回家时应重点关注鹦鹉的病毒问题。双病毒一般指的是 APV 和 PBFD。这两种病毒都是**不可治愈的且传染性强**。因此,如果新来的鹦鹉携带病毒,主人又没有做好隔离措施的话,将会把病毒传染给"原住民"。

虽然可以在鹦鹉的外观上发现这两种病毒的征兆,但确切的诊断只能通过对血液样本进行检测。喙羽症有 3~4 周的潜伏期,因此新成员回家的隔离期限应该超过这个时间。

Q. 幼鸟回家不出笼并害怕主人怎么办?

A. [耐心等待]

正如前文所说,幼鸟在陌生环境中会本能地紧张,它们会在让自己感到安全或熟悉的地方待着,警惕地观察周围。发生这种情况时,一定要耐心地等它适应环境,不要强制它出来或者与主人互动。

Q.
A. 幼鸟被其他鸟追打怎么办？

[分笼]

不同品种的鹦鹉不要关在一个笼子里饲养

家中有"原住民"时，新到家的幼鸟可能会被"原住民"视为"外来威胁"。如果它们战斗力悬殊且直接接触，还可能发生流血事件。此时，应将新成员与"原住民"隔着笼子关在一起，让它们可以隔着笼子观察、交流，一般 2~3 天后，就可以友好地交流、玩耍了。

Q.
A. 鹦鹉出笼四处乱飞怎么办？

[限制活动范围]

幼鸟刚学飞不久，在活动时不愿意贴近主人，想到处飞是非常正常的情况。突然掌握了新技能的孩子都会乐此不疲地去尝试，更何况飞翔本来就是鸟类的天性。

发生这种情况时，可以将鹦鹉出笼的活动范围限定在一个小房间内，陪着它安全地享受飞翔的乐趣。陪着幼鸟学飞，可以在它体力不支或飞行失败时提供支援及鼓励，是非常好的建立感情链接的方式。

第三章 我的鹦鹉回家啦

04

>> 鹦鹉的生活节奏

>> 鹦鹉的日常饮食

>> 鹦鹉的环境清洁

>> 与主人互动及学习技能

>> 不同季节的饲养方式

第四章
鹦鹉的日常生活

嘿嘿~
这些我都爱吃！

≫ 鹦鹉的生活节奏

想要与鹦鹉快乐地相处，就需要了解它们的行为模式。

在基因中的行为准则　第一要义：一致！一致！一致！

鹦鹉在野外生活时，多以天然树洞作为巢穴，大部分鹦鹉都不会筑巢。除了孵化及育雏外，**没有睡在鸟窝中的习惯**。为了躲避天敌的攻击，它们都是群体生活、群体移动、群体觅食的。

例如对虎皮鹦鹉来说，在野外躲避天敌是头等大事，它们多靠同伴的行为或鸣叫来判断危险情况。当同伴发现天敌靠近，便会发出警报并且快速移动躲避。当一只发现天敌的虎皮鹦鹉做出反应时，身边的虎皮鹦鹉就会立刻同步，从而带动整个群体做出反应，有效躲避天敌。这样**迅速与周围同伴协同一致的行为准则**，是它们**确保自己安全的最可靠的手段**。因此，当鹦鹉生病时，也会极力从行为和外观上隐藏自己的身体情况，避免被天敌发现弱点或被群体抛弃。

许多人说家中的鹦鹉经常抢自己的东西吃，常开玩笑说鹦鹉是贪吃的小家伙，觉得它们可爱之余，会误以为鹦鹉喜欢人类的食物，但实际上这是鹦鹉的天性。与人类生活在一起的鹦鹉会**将人类当作自己的同伴，与同伴做同样的事，是它们刻**

在基因里，认为能够躲避天敌并确保自身安全的最有效方式。

这也是为什么许多人在将新的玩具或者水果放到鹦鹉面前，甚至是换了一个发色、做了个美甲后，鹦鹉的第一反应是后退拒绝，立刻飞跑，好像被吓坏了。

这是同一个原因——基因里与同伴保持一致的行为准则在警告它。

陌生 = 危险　　　一致 = 安全

因为之前**并没有见过**，新鲜的事物会让鹦鹉认为是危险的东西，但如果同伴已经开始使用或玩耍，那它便会解除脑海中的危险警报，放心地靠近。

(当鹦鹉作为宠物)

当鹦鹉的家长是一个朝九晚五的"上班族"时，它每天绝大部分的时间都是在笼子中度过的，这与鹦鹉在野外需要靠飞行进行觅食的生活完全不同。虽然食物充足，但活动量却可能因此不足，并且被关在笼子中的生活也十分枯燥。

除此之外，鹦鹉**会将家庭成员视作同伴**。鹦鹉是非常重视同伴的物种，它们需要固定的玩耍及自由飞翔的时间，被鹦鹉视作同伴的人类也需要与鹦鹉**进行有效的沟通及肢体接触。**

在野外生活的鹦鹉有着复杂的社会系统，社交是它们的天性，它们渴望和同伴交流，与同伴保持一致。

但生活在家庭中的鹦鹉，面对的是需要每天上班离开自己的"同伴"，主人分配给鹦鹉的陪伴时间往往相当有限。因此，为鹦鹉提供有效的陪伴，合理、丰富的食物，安全且不无聊的居住环境，是每一个新时代养鸟人都应该追求的事情。

》鹦鹉的日常饮食

（ 到底应该吃什么 ）

① 纯种子饮食的缺陷

鹦鹉所需的营养其实相当多样，除了碳水化合物、蛋白质及脂肪外，还包含各类维生素、无机盐。然而，在传统观念中**被当作主食的种子**却只能提供其中**很少的一部分营养**。

种子的主要成分为碳水化合物、蛋白质、脂肪，不同类别种子的脂肪含量会有所区别，一些脂肪含量高的种子，如火麻仁、红花籽、瓜子等被大家称为"油料"。

种子显然无法满足鹦鹉的各种维生素需求。即使将种子作为主食，再以新鲜果蔬作为辅食，也同样会产生营养缺乏的问题。当以种子作为主食时，作为辅食的果蔬往往比较单一，常见的情况就是用 1~2 种绿叶菜搭配 2~3 种水果。当将其换算为营养时，这些果蔬能提供的营养就相对匮乏了。

其实有一个很好的类比，假如一个人每天以米饭配三片肥肉为主要食物，偶尔吃两片菜叶和胡萝卜，有时候可能会有两三片苹果，那么这个人的身体会健康吗？这就是以种子作为主食，少量果蔬作为辅食的鹦鹉面对的真实情况，更不要说只吃种子的鹦鹉了。

在野外的鹦鹉会食用所有它们能够找到的可食用的东西，这些东西不只是种子，也包括那些植物的果实、叶片等。鹦鹉热衷于吃种子，是因为种子在野外是比较难以获得的食物，这种吸引力对鹦鹉来说是难以抗拒的。

② 滋养丸的缺陷

针对营养缺乏的问题，1990 年以后，在欧美国家出现了滋养丸。这是一种与猫粮、狗粮类似的宠物食品，虽然被称为滋养丸，但**本质上就是鸟粮**。

滋养丸的计算配比严格，营养成分丰富，它的出现填补了宠物鹦鹉在饮食上的空缺。但鹦鹉其实没那么好应付，**滋养丸同样有它的问题**。

在滋养丸刚出现时，大部分家长毫不犹豫地选择了全滋养丸喂养的形式，但鹦鹉却是热爱探索、对食物口感有偏好的动物。它们喜爱食用种子，不仅是因为种子中的脂肪含量较高，更是因为食用种子本身是一件非常有乐趣的事情。在种子中挑挑选选，找到自己最喜欢的种类，剥开外壳送入口中，这是一种快乐。

而滋养丸就像一个营养丰富的小丸子，只吃滋养丸的鹦鹉的生活，就好比一个人每天只吃维生素压缩饼干，热量供给足够、营养全面，但需要面对日复一日永无变动的、口味单调且无聊的食物。

并且，用全滋养丸喂养的中小型鹦鹉也可能出现**因营养过剩而导致维生素、矿物质中毒的问题**。毕竟，目前针对不同品种鹦鹉的具体营养需求，并不是十分明确。而由统一标准制作的滋养丸，虽然解决了营养不良的问题，但如果极端地单一使用，可能会造成新的问题。

③ 为什么要组合喂养

无论是单一喂养滋养丸，还是单一喂养种子，都不是一个很好的选择。以种子作为单一食物，会让鹦鹉营养不良；而以滋养丸作为单一食物，则会磨灭鹦鹉在饮食上的乐趣。鹦鹉是非常敏感的动物，**心理健康上的问题会导致其一系列的行为问题及健康问题**。因此，推荐大家使用**组合喂养**的方式，为鹦鹉创造营养丰富且食物来源多样、充满乐趣的食物搭配。

Tips.

- 种子喂食的比例建议控制在 25% 以下。
- 在鹦鹉熟悉鲜食且主人可以坚持给予丰富的鲜食后，可以逐步降低种子及滋养丸的比例，提高鲜食的比例。
- 调整饮食结构比例时，要定期详细记录鹦鹉的体重。
- 果蔬应在给予后 2h 左右收回，新鲜的果蔬可能会腐败变质，因此不可以在鹦鹉笼中过夜。

④ 商业鹦鹉食品

对于鹦鹉的营养需求,目前仍在研究之中。由于鹦鹉种类较多,原生地也不相同,**没有一款商品是适合所有鹦鹉的**。因此,作为主人应该对商品有自己的判断,筛选营养结构适合自家鹦鹉的种类。对于鹦鹉饲养来说,大部分的问题都源于饮食不当,因此购买前要学会查看食品的成分表,这样就可以进一步排除一些不该喂食或者不需要的食物。

由于目前对鸟类营养学的深入研究较少,鸟类的营养需求很少得到科学评估,对于它们的营养需求通常基于对鸡形目动物的最佳猜测,一般性的建议如下所示。

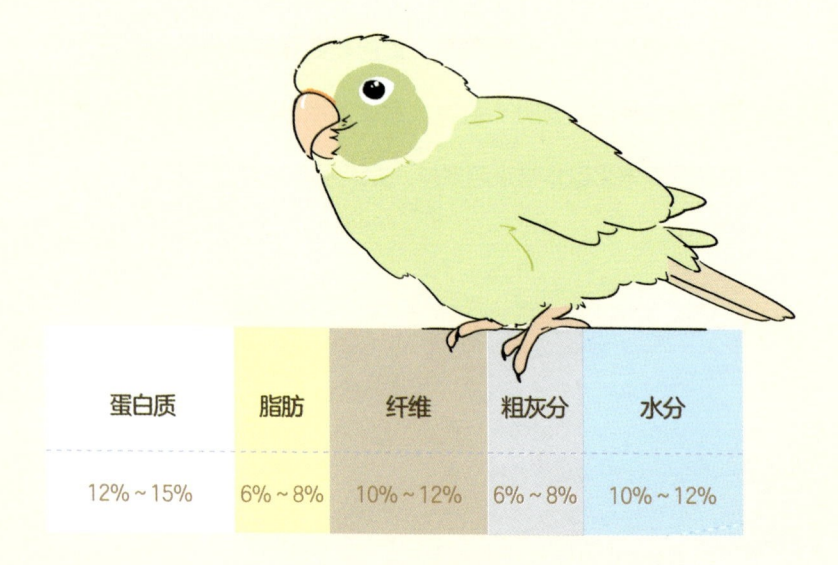

蛋白质	脂肪	纤维	粗灰分	水分
12%~15%	6%~8%	10%~12%	6%~8%	10%~12%

组合喂养

① 摄入量：体重的 10%

一般来说，成年鸟摄入食物的**总量应为体重的 10%**，但由于不同品种的鹦鹉个体有所差异，因此，具体的喂食量应该根据**固定的体重监测及胖瘦检查**来决定。如果在 10% 的喂食基础上鹦鹉体重有所下降，应该增加喂食量，反之则应减少。

② 种子与滋养丸

【种子】

一般以禾本科植物的种子组合为主，包含带壳黄小米、燕麦、白尖粟（加纳利子）、油菜籽、荞麦、粟等，不同品牌的厂家也会根据不同品种的鹦鹉配比种子。

【滋养丸】

专为不同品种鸟类设计的鸟粮，其营养丰富全面，涵盖不同的食材，含有鹦鹉所需的维生素、矿物质、蛋白质、脂肪等。

③ 饮食比例

可以将种子放在鲜食中，这样既能减少种子的供应量，又能增加鹦鹉食用鲜食的乐趣。

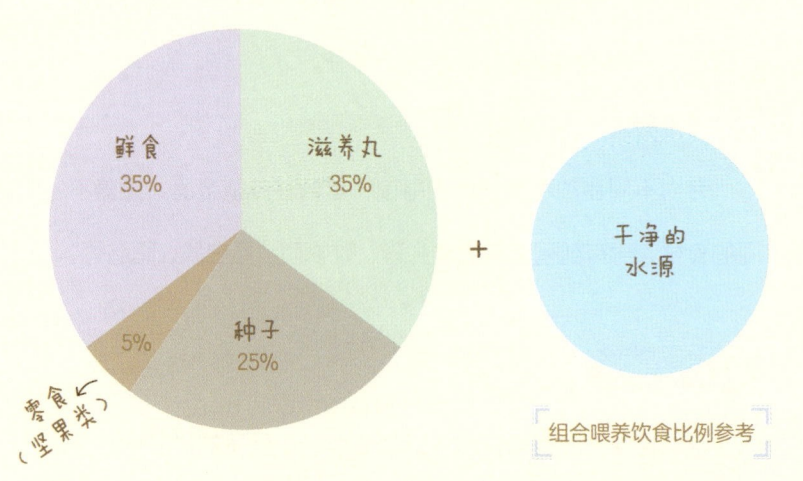

切开的彩椒盖可做
放置种子的容器

鹦鹉的日常饮食

鲜食 35%　滋养丸 35%　种子 25%　零食（坚果类）5%　+　干净的水源

[组合喂养饮食比例参考]

(鹦鹉饮食常见问题解答 01)

Q.
A.
我的鹦鹉没办法完全按照饮食比例吃饭怎么办?

[定期监测、评估]

所谓的所需摄入量和饮食推荐比例,都是一种为大家提供尽可能全面的基础饮食建议。鹦鹉并不是科学实验品,不应该被当作物品一样管理,不用为了每天多吃或少吃一点而过分焦虑。通过定期监测鹦鹉的体重及胖瘦情况,对鹦鹉的健康状况进行评估,再根据它们的实际情况来调整饮食才是最终目的。

Q.
A.
我的鹦鹉不吃滋养丸怎么办?

[从幼鸟时期开始适应]

对于吃惯种子的成年鸟来说,要让它们吃滋养丸并不容易。滋养丸形状单调、食用简单,很容易被鹦鹉拒绝。因此,建议在幼鸟时期就开始让鹦鹉接触滋养丸,断奶后其对滋养丸的接受度会很高。

针对成年鸟的情况有几种建议。

- 将少量滋养丸混在种子中，让鹦鹉熟悉这种食物的存在。
- 提供不同大小、不同品牌、不同口味的滋养丸供鹦鹉选择。
- 将滋养丸放在玩具中或是鲜食中。
- 坚持在笼中提供滋养丸。

　　做到以上几点后，可以定期检查笼子中滋养丸的食用量，一旦发现鹦鹉开始接受滋养丸，便可以尝试减少种子的供应量，再临时完全撤出。撤出种子并不意味着不再提供，而是代表目前你可以控制鹦鹉进食的比例了。种子并不是洪水猛兽，一旦鹦鹉脱离对种子的依赖，就可以按照合适的比例将种子重新提供给鹦鹉。但是在提供时，还是要尽量避免将滋养丸与种子混合在一个碗中，无论鹦鹉多么习惯滋养丸，当两者同时出现时，它们还是会首选种子。

Q. 鹦鹉不吃滋养丸，可以饿到它吃吗？

A. [绝对不行]

　　常听到有人说，不吃东西饿一饿就好；也听到有人说，鹦鹉是不会把自己饿死的，饿了，总归会吃的。然而实际上，因主人突然改变饮食，而拒绝接受新饮食的鹦鹉并不少见。在这种情况下，鹦鹉很容易因为饥饿而发生意外。

鸟类需要通过不断进食来维持生理机能，挨饿对它们来说不仅是体罚，更是关乎生命的严重危机。突然出现的滋养丸在鹦鹉的视角里陌生且诡异：之前没有吃过，也没看到同伴（主人）食用过。这样的食物在一些敏感的鹦鹉心中，会被打上"危险"的标记。结果可能就是鹦鹉宁愿饿死也不吃。如果为了鹦鹉的健康让它吃滋养丸，结果反而将它饿死，岂不是适得其反。

Q. 可以选择成分表营养成分丰富的混合种子吗？

A. [可以，但别依赖]

目前有许多品牌的混合种子中都添加了各种维生素，有不少也添加了一些滋养丸，看成分表的确是可圈可点。但当这样一碗食物拿到鹦鹉面前时，它们依然会坚定地选择只吃自己喜欢的种子，所以还是建议不要太过依赖这类混合种子。

Q. 鹦鹉不吃果蔬怎么办？

A. [坚持尝试]

在食用果蔬之前，鹦鹉可能会拒绝尝试，这很正常，因为它们会回避一切陌生的事物。有几个方法可以尝试。

【打碎】

用刀或搅拌器将鲜食打成小碎块后混合，大大减少体积的新鲜果蔬可以降低鹦鹉的防备心。

【利用工具】

使用果蔬串、果蔬篮等，坚持每日将其放在鹦鹉的活动区域。

【丰富的颜色】

鹦鹉对色彩的感知比人类强，颜色丰富的食物可以引起它们的注意，可以尝试在食物中混合各类果蔬。

【吃给它看】

当着鹦鹉的面吃或假装吃，会向鹦鹉释放"这是同伴也在吃的安全食物"的信号。

【在早上的第一餐提供】

经过一夜的睡眠，早上往往是鹦鹉比较饿的时候，此时更容易接受新食物。

* 为鹦鹉准备一个专用的小搅拌器

Tips.

让鹦鹉吃新鲜果蔬既可能很容易，也可能非常艰难，但只要主人坚持给予，总有一天鹦鹉会接受并且爱上它们。

Q. 如果提前筹备鲜食，应该如何安排？

A. [冷冻保存]

将称好重量的鲜食切块或打碎后均分在冰格或者婴儿辅食格中，然后冷冻保存，食用之前提前取出，在室温下解冻。

为鹦鹉准备一个专用的冰格，不要和家里的冰格混用

Tips.
- 建议的制作量：1周的量。
- 解冻后，鲜食的质地和口感会发生变化，可能无法被一些鹦鹉接受。

Q. 担心鹦鹉营养摄取不足，需要添加补剂吗？

A. [视情况而定]

对于将滋养丸作为食物之一的鹦鹉，如果再增加额外的补剂，可能会因为营养过剩而加重内脏负担。

Q. 需要给鹦鹉吃保健砂、墨鱼骨、细贝壳这类东西帮助它消化吗？

保健砂 墨鱼骨

A. [需慎重]

使用这类东西帮助消化的前提是，鹦鹉的胃不能消化所摄入的食物，需要其**在胃里辅助磨碎食物**。但宠物鹦鹉所食用的食物并没有这个需求——它们会将种子脱壳咬碎后食用，而滋养丸及果蔬更没有磨碎的需求。摄入保健砂、墨鱼骨、细贝壳反而容易导致鹦鹉的消化系统出现问题。

另外，食物来源多样的鹦鹉并不需要通过这些东西补钙，非特殊时期的鹦鹉不需要额外补钙，对于中小型鹦鹉来说，额外补钙还有可能造成钙中毒。

第四章　鹦鹉的日常生活

食物表

关于食物表，有 1 个前提、1 个原则及 1 个底线。

前提 不确定食物是否安全时，绝不喂食。

原则 给予鹦鹉任何食物都需要适量。

底线 高油、高盐食物绝对禁止，少量提供高糖果蔬，食物的种类要丰富多样。

绝对禁止的食物

【奶制品】
鹦鹉不能消化乳糖，奶制品容易引起腹泻和胃肠不适。

【巧克力】
含有可可碱和咖啡因，可能会导致鹦鹉中毒甚至死亡。

【苹果籽或梨籽】
果核中含有氰化物，可能会导致鹦鹉中毒和死亡，果核附近的果肉也要注意！

【牛油果】
含有"鳄梨毒素"，鹦鹉食用后会造成呕吐、腹泻、呼吸困难和死亡等问题。

【洋葱】

含有硫化物等有害物质，这些物质会破坏鹦鹉的血细胞，引起溶血性贫血。洋葱也会刺激鹦鹉的消化系统，引起胃肠不适和腹泻等症状。

【干豆子】

含有皂苷、皂素、胰蛋白酶抑制剂、草酸，可能会影响鹦鹉的消化和吸收。

【大蒜】

大蒜中的丙烯基硫化物会对鹦鹉的血红蛋白造成损害，导致氧气无法与血红蛋白结合，引起贫血和其他健康问题。

【腌制食物】

过多的盐、糖和添加剂，可能会对鹦鹉的肝脏和肾脏造成损害。

【高油、高糖的加工食物】

含有过多的糖、脂肪及添加剂，会导致鹦鹉肥胖及代谢异常。

【咖啡或浓茶】

咖啡因可能会导致鹦鹉中毒和死亡。

【含木糖醇的食物】

鹦鹉无法代谢这种甜味剂，可能会导致鹦鹉中毒和死亡。

【酒精】

鹦鹉肝脏小、体重轻，无法有效处理酒精，即使少量的酒精也可能引起酒精中毒。

可安全食用的食物

【谷物】

为鹦鹉提供熟的谷物混合物以及不同形状的意面是不错的选择。

燕麦片、藜麦、糙米、小麦等谷物 　　意大利面或通心粉

【蔬菜】

芦笋	 胡萝卜	 土豆（熟）	 白地瓜（豆薯）
 小米辣、彩椒等	 花椰菜	 西蓝花	 南瓜
 豌豆苗	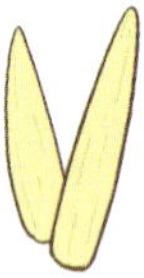 玉米笋	 玉米	 黄瓜
 蔓菁（芜菁）、萝卜	 茭白（熟）	 秋葵	 新鲜姜黄
 佛手瓜	 番薯（熟）	 番茄（叶子部分需要去除）	 西葫芦

茼蒿	莴苣叶	白菜	上海青（油菜）
芥菜	芥蓝	羽衣甘蓝	香芹
油麦菜	空心菜	菜薹	豆瓣菜
生菜	红苋菜	豌豆苗	丝瓜苗

【豆类】

新鲜的豆类中含有抑制消化酶的成分，可能会对鹦鹉的消化系统造成负担，导致其不适甚至中毒。因此，如喂食豆类，建议煮熟后再让鹦鹉食用。

红豆、腰豆、鹰嘴豆、绿豆

豌豆	 荷兰豆	 甜豆	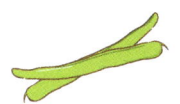 四季豆

第四章　鹦鹉的日常生活

【水果】

芒果	菠萝	草莓、树莓、蓝莓、黑莓、桑葚等
百香果	香蕉、芭蕉	木瓜	哈密瓜
无花果	荔枝	火龙果	番石榴
杨桃	菠萝蜜	莲雾	椰子
梨	葡萄	杏	石榴
苹果	桃子	梅子	柚子
柑橘	奇异果	枇杷	樱桃、车厘子

鹦鹉的日常饮食

【新鲜花卉】

三色堇是最容易获得的食用花卉，许多甜品店或餐厅会采购三色堇用于食物装饰。可以直接购买食用级三色堇喂给鹦鹉。

三色堇　　油菜花

如果想在家中种植一些盆栽的话，不妨选择以下这些品种，既不用担心鹦鹉啃咬，还能提供新鲜花食。但要注意新买的盆栽要养殖一段时间，以确保没有有害农药残留。

Tips.
· 三色堇可以在冰箱内冷藏保存一周。
· 油菜花在 3~4 月时十分容易获得。

朱槿 　　金盏花 　　樱花 　　三色菊

松果菊 　　水飞蓟 　　秋英（波斯菊） 　　石榴花

向日葵 　　玫瑰 　　万寿菊 　　玫瑰茄

辣椒花 　　短柄朱缨花（香水合欢） 　　木棉花 　　蝶豆

第四章　鹦鹉的日常生活

【坚果】

坚果是鹦鹉最钟爱的一类零食，但其富含油脂，对于中小型鹦鹉来说它们的热量超标了。因此，在喂食时需要少量给予，最佳的做法是作为训练或互动时的奖励，这不仅能让鹦鹉在训练或者相处过程中十分快乐，也能有效减少日常喂食坚果的比例。

南瓜子、瓜子、扁桃仁、腰果、核桃、松子、开心果等

需要注意的坚果：花生

因为**花生极易被黄曲霉污染**，而被微量污染的花生从外观上无法看出，所以许多人不建议给鹦鹉喂食花生。给鹦鹉喂食花生时需要格外注意，确保是新鲜、高质量的花生才可以喂给鹦鹉。

【发芽的种子】

发芽的种子与未发芽种子相比，会有更多的营养。种子的主要营养成分为糖类及蛋白质，而发芽的种子则会将种子内的营养成分转换为易于消化利用的形式。在发芽的过程中，种子中的淀粉会被转化为糖类，蛋白质会被分解为更容易吸收的氨基酸，还含有更丰富的维生素、矿物质及各种酶。相比于直接食用营养成分单一的干种子，发芽的种子是更完美的食物，并且发芽的种子整体都可以供鹦鹉食用。

在大自然中生活的鹦鹉，每天大部分的时间都在寻觅食物，而那些正在发芽、生长的种子，本来就在它们的食谱中。

发芽种子清单

| 绿豆 | 红豆 | 西蓝花籽 | 藜麦 | 燕麦 |
| 瓜子 | 葵花籽 | 芝麻 | 小麦 | 鹰嘴豆 | 紫花苜蓿 |

发芽步骤

① 彻底冲洗后用冷水淹没，浸泡 3h

② 每日彻底冲洗 3 次

③ 每次冲洗后静置 3h 以上

④ 沥干水分后放至阴凉通风处静待发芽

Warning

发芽的种子在高温、潮湿、不通风的环境下十分**容易被霉菌污染**，被污染的种子会严重威胁鹦鹉的生命健康。因此不仅在喂食前需要彻底冲洗，在发芽的过程中也需要格外留意。

Tips.

防止污染 在发芽的整个过程中，使用稀释葡萄柚籽提取物（GSE）的水清洗种子，可以防止霉菌污染。

西柚提取物 西柚提取物中含有一种叫作"柚皮苷"的天然化合物，具有一定的杀菌作用，可以有效减少发芽种子上的细菌数量，但是西柚提取物也有一定的酸性，所以要严格按照比例稀释后使用。稀释标准为 6 滴 GSE 兑 1L 水，每日冲洗 3 次。

发芽容器 不锈钢茶器或者透气发芽瓶。

第四章 鹦鹉的日常生活

【草本植物】

- 香菜
- 繁缕（鹅肠草）
- 小麦草
- 罗勒叶
- 薄荷
- 迷迭香

【天然零食】

- 天然果干
- 无盐糖爆米花

【调味料】

- 干辣椒碎
- 姜黄粉

【油类（EFA 必需脂肪酸）】

- 椰子油
- 红棕榈油
- 亚麻籽油

ω-3 多不饱和脂肪酸及 ω-6 脂肪酸有助于提高鹦鹉的免疫力，促使羽毛及骨骼生长得更健康。

这些油类可以添加在鹦鹉的饮食中，但由于中小型鹦鹉体重轻，仅需每隔几天将其微量添加至鲜食中拌匀即可，不可过量。

尤其需要注意的是油类的使用原则——丰富

这里推荐的油类仅供参考，并不代表某一种油类就是最好的，应组合交替使用。

Tips.

关于一些蔬菜的争议与危险

洋葱、抱子甘蓝、菠菜等"危险果蔬"

其实这是不同的主张,这些食物并非被完全否决。因为关于鹦鹉饮食的营养学在国际上是一个比较新的课题。

由于本书针对的都是体重 40~120g 的中小型鹦鹉,因此相对来说有争议的食物**更容易因为"喂过量"而产生问题**。总体来说,蔬菜中草酸含量较高的种类,都是鸟类需要避免食用或者少量食用的(例如菠菜)。因为草酸过高的食物会影响钙的吸收,并且口感也欠佳(鹦鹉也未必会喜欢食用)。

有毒的茄碱

茄子与土豆富含茄碱,需要在煮熟后再提供给鹦鹉。茄碱经过高温烹煮后成分会被破坏,因此不会使鹦鹉中毒。

酸性水果的争议

柑橘类水果,如柠檬、橙子、橘子、柚子等,对鹦鹉来说并没有毒性,但是,由于具有一定的有机酸,可能会对其肠胃造成刺激从而引发身体反应。因此,不建议将口感较酸的水果喂给鹦鹉,像比较甜的十月橘(冰糖橘)、椪柑等,可以少量食用。

> 实施饮食搭配

在其他饲养鹦鹉较多的国家中，鹦鹉的食物表中列出了非常详细的种类，但不是很符合我国的实际情况。在本书中的食物表中列出的果蔬都是我们**常吃、常见的**，不仅是因为这些食材**容易购买**，更重要的是便于大家去实施每日的鲜食计划。

过多的选择往往会让主人选择困难，具体到实施的时候，又会不知所措。假如主人只知道鹦鹉可以吃胡萝卜，那么他可以每天坚持提供胡萝卜，但如果你告诉他鹦鹉能吃的有多达几十种果蔬，这样往往会使主人陷入一种难以坚持的困境中——因为选择太多，反而不知道如何下手了。

通过实践，更推荐大家将家中定期购买的果蔬分享给鹦鹉。购买回来后先查看是否有鹦鹉不能吃的种类，再将可以食用的果蔬尽可能多样化地提供给它们。

在家中未饲养大量鹦鹉的情况下，鹦鹉只需要**获取主人每日食谱中少量的果蔬**即可满足一日需求，而家中每日常吃的果蔬往往为**应季果蔬**，这也恰恰暗合了鹦鹉在野外环境中，在不同时节吃到不同果蔬的情况。这样主人既不用多费心思去考虑，又可以丰富鹦鹉每日的饮食。试着和鹦鹉一起分享新鲜食物吧，那也是让它们感到开心快乐的时光。

(果蔬的处理方式)

鹦鹉其实是对口感有需求的动物，在为它们准备新鲜果蔬时，可以使用不同的形态来增添进食的乐趣。

刨丝 / 切片 / 切块 / 碎泥

注意

① 在果蔬的种植过程中会喷洒农药，在给鹦鹉喂食之前需要充分浸泡、冲洗，以去除农药。

② 各类不常见花草等，只要是在超市中难以买到的，就应慎重考虑是否要喂给鹦鹉。

鹦鹉饮食常见问题解答 02

Q. 鹦鹉可以吃肉吗?

A. [分情况]

目前,国内外对鹦鹉食谱的研究中都认为鹦鹉可以食用一定量的肉类,但食用肉类的更多的是大型鹦鹉。中小型鹦鹉的身体相对来说容错率低,食用肉类可能会导致其蛋白质摄入过量,产生一系列健康问题。因此,并不建议给中小型鹦鹉喂食肉类,例如活虫或虫干。

Q. 鹦鹉可以吃鸡蛋吗?

A. [可以]

鸡蛋是很好的钙、蛋白质及维生素 A、D 的来源,蛋黄中的胆碱也非常丰富,而且价格便宜、容易获得,可将鸡蛋煮熟后压碎拌食,但同样不能作为中小型鹦鹉的日常饮食,对于小型鹦鹉来说,每周提供一次即可。

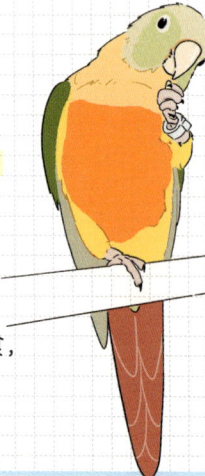

鹦鹉的环境清洁

清洁用品大盘点

【清洁铲刀】
铲除地面或站架上的鸟屎。

【抹布或百洁布】
清洗、擦拭笼具。

【排刷】
刷洗底网。

【吸尘器】
快速清理鸟笼周围的食物残渣、粉羽和羽毛。

日常清洁

水盆和食盆需要每日清洁。底盘可视情况每 2~3 天更换一次。

被污染的水碗中容易产生生物膜，需要彻底冲洗

周期大扫除

每周需要将笼具及用品完全拆除清洗。清洗干净后，可放置于通风处**干燥或暴晒**。非不锈钢材质的笼具及用品未及时晒干可能会生锈，被鹦鹉啃食后会造成重金属中毒甚至死亡。

» 与主人互动及学习技能

鹦鹉是非常聪明的物种，它们的大脑比例较大，在和族群一起生活时会互相帮助，甚至能够使用工具。虽然家养鹦鹉不需要为了生存学会如此多的技能，但教导它们学会一定的互动技能也是我们与它们相处的乐趣之一。多数动物杂技表演都是通过使动物处于饥饿状态或者虐打动物来达到训练目的，但那显然不是我们愿意对待家庭成员的方式，那么家养鹦鹉该如何进行教导呢？

正向训练

这里有一个非常重要的逻辑，希望你在每一次与鹦鹉互动时都能记住：**正向训练**。正向训练指的是**通过正向的反馈**来不断加强训练的结果，而**不进行任何惩罚**，包括责骂、殴打、批评、体罚等。

简单地说就是：**做对奖励，做错忽略**。正向训练的底层逻辑是让动物将两个因素建立联系，让 **A 行为直接导致 B 结果**，B 结果必须是正向的反馈。

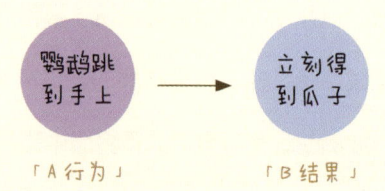

鹦鹉跳到手上 → 立刻得到瓜子

「A 行为」　　　　「B 结果」

长期重复这种奖励行为，会**加强鹦鹉对这个行为的期待**，鹦鹉会认为只要做了这个动作就会得到**奖励**，而当这个行为被强化到一定程度时，就会**形成条件反射**，最后变成一种习惯。当鹦鹉形成习惯后，并不需要每次发放奖励也依然能够奏效。当在这个**训练逻辑中加上口令**后，就可以达到训练的目的。

在鹦鹉做错动作或没有达到预期训练目的时，**不进行任何惩罚非常重要**。一是因为鹦鹉并不能认识到我们为什么生气，二是惩罚会使人宠关系变得糟糕，更加达不到想要的训练目的。

（训练举例）

以训练鹦鹉转圈为例。首先需要准备一种鹦鹉非常喜欢的食物，比如瓜子，这种食物必须是鹦鹉**平时不能轻易**得到的。当奖励的**诱惑足够大**时，就可以开始训练。

「转圈训练」

步骤 01

将鹦鹉放在手上，再将瓜子放到它的嘴边。鹦鹉会**本能地想**用嘴去钩住瓜子。

步骤 02

将瓜子沿图中指示方向转圈，引导鹦鹉完成转圈动作，同时发出转圈的口令。只要鹦鹉能够成功完成正确动作，便**立刻**给予奖励。

步骤 03

当鹦鹉明白转圈可以得到瓜子时，就可以**撤掉**手中的瓜子，还是用同样的手势与口令去**引导鹦鹉在手指上转圈**。当鹦鹉可以不跟着瓜子，单纯地只跟着手部的动作转圈时，应立刻拿起瓜子奖励鹦鹉。

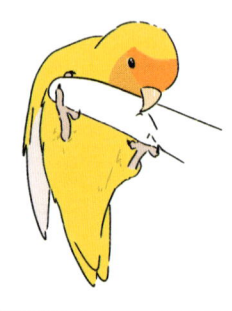

步骤 04

当鹦鹉可以根据手势和口令完成动作时，便可以进一步**取消手势，只下口令**。鹦鹉会将该口令与之前的行为相联系，独立完成转圈动作。此时主人要及时给予鹦鹉奖励。

/ 与主人互动及学习技能 /

通过对每个步骤的行为进行强化训练，便可成功地完成转圈训练。通过正向训练，无需采取任何体罚或打骂的方式就能教导鹦鹉技能，这种互动对鹦鹉来说也是**一种愉快的游戏**。通过这样的训练逻辑，可以完成大部分简单的训练。例如鹦鹉的飞手训练，即飞过来后给予鹦鹉食物，也是一种常见的正向训练。

「飞手训练」

步骤 01

准备好奖励，呼唤鹦鹉的名字，让它确定主人所在的方位。

步骤 02

等待鹦鹉飞过来。

步骤 03

确认鹦鹉正确落手。

步骤 04

飞到手上后立刻给予奖励。刚开始飞翔的距离可以很短，可根据训练进度慢慢拉长距离。

第四章　鹦鹉的日常生活

(训练要点)

- **训练时间**：10~15min 一次。

- **在合适的状态下训练**：在鹦鹉愿意玩耍的时候进行训练，不要强迫其训练。

- **不要追求完美**：不要期待鹦鹉在短时间内学会技能，学会了也不要期待它们不再犯错。

- **统一口令**：在训练中，如果设置了某个口令，从训练开始到结束，无论持续多久（几天甚至几周），都**不要更改口令**，也不要增加口令，混乱的口令会让鹦鹉感到迷茫。如果家人与正在接受训练的鹦鹉互动，也需要使用同一个口令。

- **毫不吝啬地表扬**：一旦鹦鹉达到训练目标，一定要及时夸奖表扬，不可延迟奖励。

- **忽视错误**：就算鹦鹉在训练中没有完成设定目标，甚至做了完全相反的动作，也不能因此惩罚鹦鹉，否则会前功尽弃。

≫ 不同季节的饲养方式

鹦鹉是恒温动物，需要相对恒定的温度，对于室内饲养环境来说，最适宜的温度为 20℃ ~25℃。

夏天避暑

避暑要点
① 采取环境整体降温的措施，如使用空调。
② 在无空调的环境中应**加强室内通风**，但要**避免直吹**鹦鹉。
③ 为鹦鹉提供**充足的水分**。
④ **降低**食物中的**油脂**含量，增加蔬菜、水果等含水量高的食物。
⑤ 避免阳光暴晒。
⑥ 为鹦鹉提供**洗澡容器**，帮助它们散热。

中暑的征兆
① 张嘴，呼吸急促。
② 活跃度低，眼神呆滞。
③ 食欲下降。

中暑对策
① 降低环境温度或将鹦鹉转移至阴凉处。
② **避免让鹦鹉经历极端温差**，如从高温环境直接到低温空调房。
③ 用湿毛巾轻轻擦拭鹦鹉的身体，帮助其散热。
④ 利用风扇加大空气流通。
⑤ 及时联系宠物医院。

/ 不同季节的饲养方式 /

冬天避寒

避寒设备

【空调】
提升环境整体温度的首选。

【加热装备】
组合保温的模式更加安全经济,但陶瓷加热灯不可以直接悬挂在笼子内。

避寒要点

① **整体升温最佳**,如使用空调、暖气。
② 局部加温可采用保暖布搭配离笼悬挂陶瓷加热灯的方式。
③ 适当调整鹦鹉的饮食,**增加高能量、高脂肪**的食物。
④ 注意监测环境温度,**防止大温差**导致鹦鹉感冒。

感冒的征兆

① 喜欢躲在暖和的地方。
② 呼吸急促、打喷嚏、鼻塞。
③ 眼部分泌物增多。
④ 食欲下降。
⑤ 活跃度低。
⑥ 持续蓬毛。

持续蓬着羽毛的状态

感冒对策

① 保持室内温度稳定，尽可能为鹦鹉提供温暖的环境或让鹦鹉住入保温箱。
② 适当增加饮食中维生素 C 及蛋白质的含量，帮助鹦鹉提高免疫力。
③ 及时联系宠物医院，遵照医生指示治疗感冒症状。

其他情况

在这几种情况下，温度需要保持在 20℃以上。
① 换羽期。
② 老年期。
③ 病弱鸟。
④ 刚断奶的幼鸟。

鹦鹉日常常见问题解答

Q. 鹦鹉应该剪羽吗?

A. [建议不要全剪]

为了鹦鹉的安全,许多主人会选择给鹦鹉剪羽。但鸟类的身体结构是为了飞行而存在的,如果真的将鹦鹉剪成"走地鸡",可能会对鹦鹉的身心健康不利。

除了在学飞期不可以剪羽外,成年后,即使为了限制鹦鹉活动,保障安全,也建议不要剪掉所有飞羽,让鹦鹉保留一定的飞行能力。保障鹦鹉的生存安全很重要,但保障它们的心理健康也同样重要。

不剪羽或不完全剪羽,意味着需要更高标准的门窗防护,为了让鹦鹉能够自由地展现天性,勤加检查门窗也是值得的。由于家中对鹦鹉来说存在较多潜在危险,主人不在时,还是需要将鹦鹉关回笼中,避免没有任何管控的"放风时间"。

【剪羽的优点】

① 可以防止鹦鹉飞到家中一些比较高的地方导致鹦鹉难以抓捕,比如挂式空调上面。

② 如果外出,可以降低鹦鹉飞丢的风险。

【剪羽的缺点】

① 如果在学飞期剪羽，可能会因为飞行技巧不佳导致鹦鹉嗉囊破裂。另外，在学飞期剪羽也会导致鹦鹉错过学飞期，无法顺利掌握飞行技能。

② 如果剪羽的鹦鹉飞丢，可能会因为无法飞高而被流浪猫和流浪狗捕食。

③ 让鹦鹉完全失去飞行能力等同于变相减少了它们的活动量，导致它们体重增加。另外，一些习惯了飞行的鹦鹉如果突然完全不能飞行，也会造成一定的心理问题。

④ 主人直接给鹦鹉剪羽会导致鹦鹉与主人之间的关系变差。

因此，是否需要剪羽或者如何剪羽，需要主人综合家中的情况来决定最佳方案。

Q. 总有人说剪羽的鹦鹉比较亲人，这是为什么呢？

A. [只是迫于形势]

鹦鹉没有了飞行能力，只能依靠人类的帮助去往高处和移动，那不是代表它们比较亲人，只是比较会审时度势而已。通过这样的手段得到的"亲人"并不是真正的亲人。如果尊重它的天性并理解它，应该给予它一定的飞行权利及自由。

Q. 应该如何剪羽?

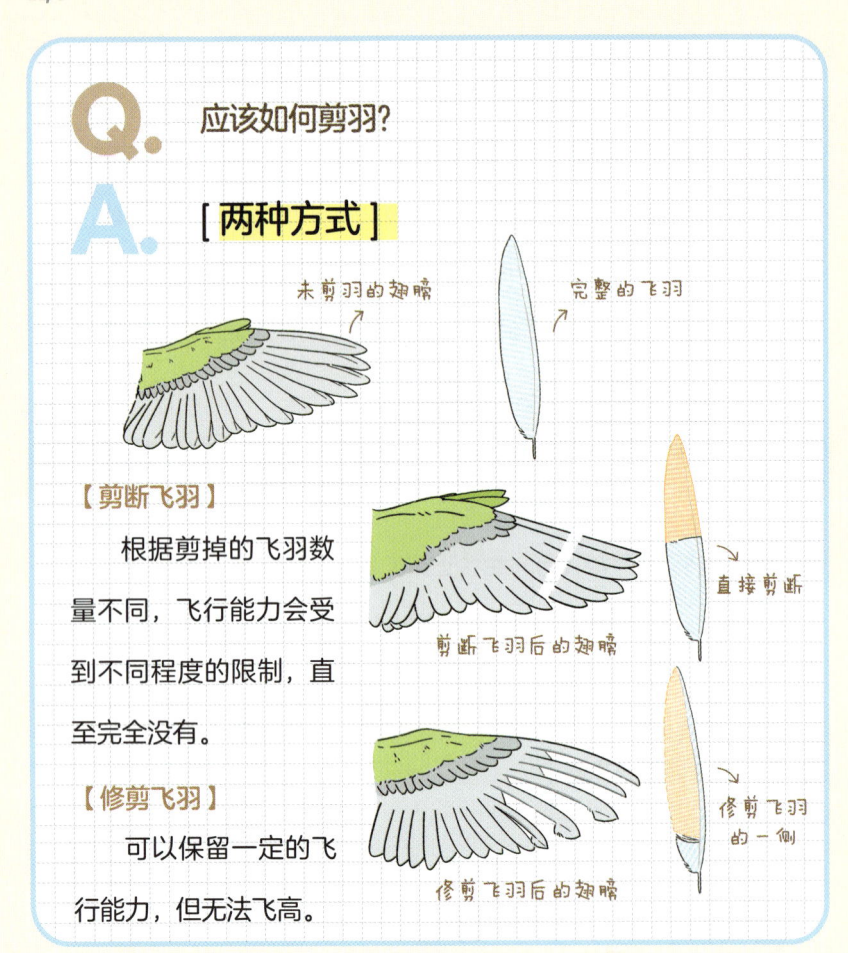

A. [两种方式]

未剪羽的翅膀

完整的飞羽

【剪断飞羽】

根据剪掉的飞羽数量不同，飞行能力会受到不同程度的限制，直至完全没有。

剪断飞羽后的翅膀

直接剪断

【修剪飞羽】

可以保留一定的飞行能力，但无法飞高。

修剪飞羽后的翅膀

修剪飞羽的一侧

Q. 鹦鹉的指甲很尖，需要修剪吗?

A. [不建议]

中小型鹦鹉的指甲可以通过一些带有纹路及凹凸的原木站棍磨圆，给中小型鹦鹉修剪指甲比较困难且容易误伤。

/ 不同季节的饲养方式 /

Q.A. 我的鹦鹉总是咬我该怎么办？

[区分咬与攻击]

攻击——迅速、用力，往往会出血。
咬——试探性的、探索性的，在攀爬时用嘴借力。

【越来越爱咬人的鹦鹉】

想分清楚这两种情况，需要进一步分析咬人这个行为背后的原因。被人类喂养长大的雏鸟，往往不太会使用正确的沟通力度，用喙探索世界、与同伴进行交流，对于鹦鹉来说是生活中最正常的事情。

但人类并不像鹦鹉一样拥有羽毛，因此当站在身上的鹦鹉使用错误的力度，直接咬到皮肤后，被咬到的主人往往会因为太疼而大叫出声。但对于习惯用叫声来交流的鹦鹉来说，这反而是一种正向反馈，鹦鹉可能会因为主人每次被咬后叫出声，而误以为这是可以得到关注的行为，甚至可能会觉得有趣。许多人觉得鹦鹉越来越爱咬自己，往往就是这个原因。

【如何纠正不正确的咬人行为】

当主人被鹦鹉咬疼后，常常会认为鹦鹉是在攻击自己，会自然而然地对鹦鹉做出体罚行为，常见的有弹嘴壳、大声喝骂等，但往往都不管用。鹦鹉并不能明白你体罚或呵斥它的具体原因，这一纠正方式也有**悖正向训练的逻辑**。

弹鹦鹉嘴壳是没用的哦！

【咬人情况发生时的措施】

① 当鹦鹉在手上咬人且不松嘴，让你感到很疼时，可以用**嘴对着鸟喙快速吹气**，鹦鹉会瞬间松嘴。

② 当制止了鹦鹉的咬人行为后，将它拿到面前，正视它的眼睛，**认真且坚定地低声**告诉它，这个行为是错的，你不喜欢这个行为，这样做会让你感觉很疼。

③ 在结束沟通后，将鹦鹉放到笼子中**隔离冷静**。

对于咬人习惯的纠正，可能只需要几天，也可能需要几周，一定要给予鹦鹉足够的耐心，**让它理解你的意思**。

而产生真正的攻击行为，往往是由于主人冒犯了鹦鹉，例如不尊重它的意愿或是冒犯它的领地，这种情况是可以理解的，每只鹦鹉都有不同的个性，**学会尊重它们**非常重要。对攻击行为进行脱敏[1]的方法也很简单，假如鹦鹉喜欢在笼子中攻击主人的手，每次只需要让鹦鹉对伸入笼子中的手建立正向反馈即可，例如每次将手伸入笼子时，都提供一个它爱吃的零食，就可以达到脱敏的效果。

Tips.

交流时应与鹦鹉平视并且严肃沟通，不要使用高声调。

沟通结束后将其放入笼子中，暂时限制它的自由。

咬耳朵

[1] 脱敏：指通过逐步接触刺激，降低恐惧或敏感反应。此过程需要及时给予奖励肯定。

05

>> 健康状况自查

>> 洗澡

>> 家庭中的危险

>> 鹦鹉行为语言

>> 鹦鹉的求救信号

第五章
鹦鹉的日常看护

说吧！
我到底胖了没？

》健康状况自查

记录状况

通过每天对鹦鹉饮食起居状况的**记录评估**，可以**初步判断它们的身体状况是否稳定**，细心的鹦鹉家长会发现鹦鹉微小的变化。鹦鹉生病时，可能从外观上看不出来，但通过这些数据可以很明显地发现它们的异常。因此，在**固定时间**对鹦鹉的健康状况进行记录，是一件非常有必要的事情。

注意

新手主人——建议每日记录；
有经验的主人——可以 3~5 天记录一次；
生病的鹦鹉——需要每日记录。

对胖瘦的判断

通过对**龙骨突上附着的肌肉**进行简单检查，可以快速判断鹦鹉的胖瘦情况。

155

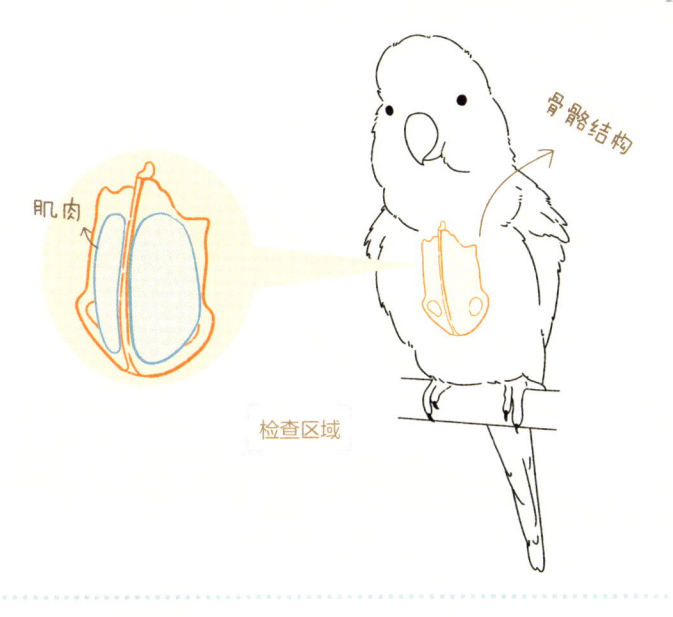

肌肉

骨骼结构

检查区域

刚好的状态

过瘦

过胖

判断标准

第五章 鹦鹉的日常看护

「鹦鹉胖瘦自查手法」

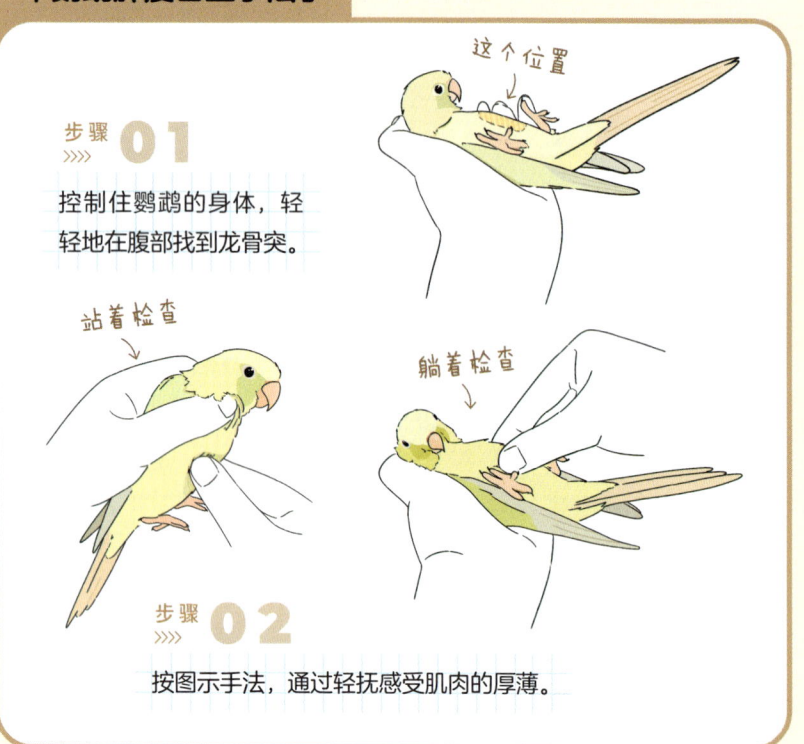

步骤 01

控制住鹦鹉的身体,轻轻地在腹部找到龙骨突。

这个位置

站着检查

躺着检查

步骤 02

按图示手法,通过轻抚感受肌肉的厚薄。

使用电子备忘录记录体重

鹦鹉的**体重变化可能是健康问题的预警信号**,观察鹦鹉的体重变化情况尤其重要。相比于每日手写记录,利用电子备忘录来记录鹦鹉的体重是更为推荐的一种方式,这样可以帮助我们及时发现它们的身体变化,及早发现和解决问题,在就医时也能更快速地提供体重资料。

》 洗澡

关于洗澡

鹦鹉是非常爱干净的物种，洗澡可以帮助它们清洁羽毛。对于许多鹦鹉来说，洗澡是生活的乐趣之一。天热的时候，有些鹦鹉甚至 1 天可以洗 2~3 次澡，有时候只是单纯地玩水。对于野外的鹦鹉来说，洗澡的环境也是喝水的环境，它们常常在饮水时顺便洗澡，因为它们认为这个水源是安全的。而家养的鹦鹉，除了一些胆子特别大的个体外，往往都不会按主人的意愿用澡盆洗澡，这是因为除了主人想让它们洗澡时，平时它们并不接触澡盆。它们会**本能地害怕没有见过的东西**，认为其意味着危险，这也是它们常常在饮水碗内洗澡的原因。

喝水的碗最安全了

在水碗里洗澡

让鹦鹉自己洗澡，不要人为地用水流直接冲洗它们，更不要让它们**出现全身湿透**的情况。

鹦鹉害怕洗澡怎么办?

当鹦鹉拒绝洗澡时,首先要**排除其身体上的问题**:有伤口、身体疼痛、新羽毛生长。这些情况都会让鹦鹉害怕洗澡,因为接触水会让它们**感到疼痛**。

如果只是单纯地讨厌碰水,那就没有必要强迫鹦鹉洗澡。而如果是害怕洗澡容器,则可以采取脱敏的方式进行接触。

观察鹦鹉平时对着水碗**是否有洗澡意愿**,如果用的是撞针水壶,则需要在笼具内另外设置一个专用的水碗。如果鹦鹉有洗澡意愿,说明其并不是害怕水,而是单纯地害怕你所提供的洗澡容器。

→ 使用浅盆装水可以降低鹦鹉对洗澡的恐惧

> 脱敏步骤

① 将**洗澡容器**放在鹦鹉经常玩耍的地方，里面不放水，而是放一些**鹦鹉爱吃的瓜子或零食**。

② **观察**鹦鹉是否敢于接触这个地方。

③ 当鹦鹉**表现出不害怕**这个容器并且可以站在上面取食或跳进跳出玩耍时，就证明脱敏成功。

④ 往容器内**放入少量的水**，再放回原先摆放的位置。

⑤ 当鹦鹉发现容器里有水并且**愿意饮用**后，就会进一步**产生洗澡意愿**。

⑥ 成功**接纳洗澡容器**。

Tips.
首次放水时不能放太多，让鹦鹉接纳洗澡容器并脱敏是一个比较缓慢的过程，不可操之过急。

洗完澡后湿漉漉的鹦鹉

>> 家庭中的危险

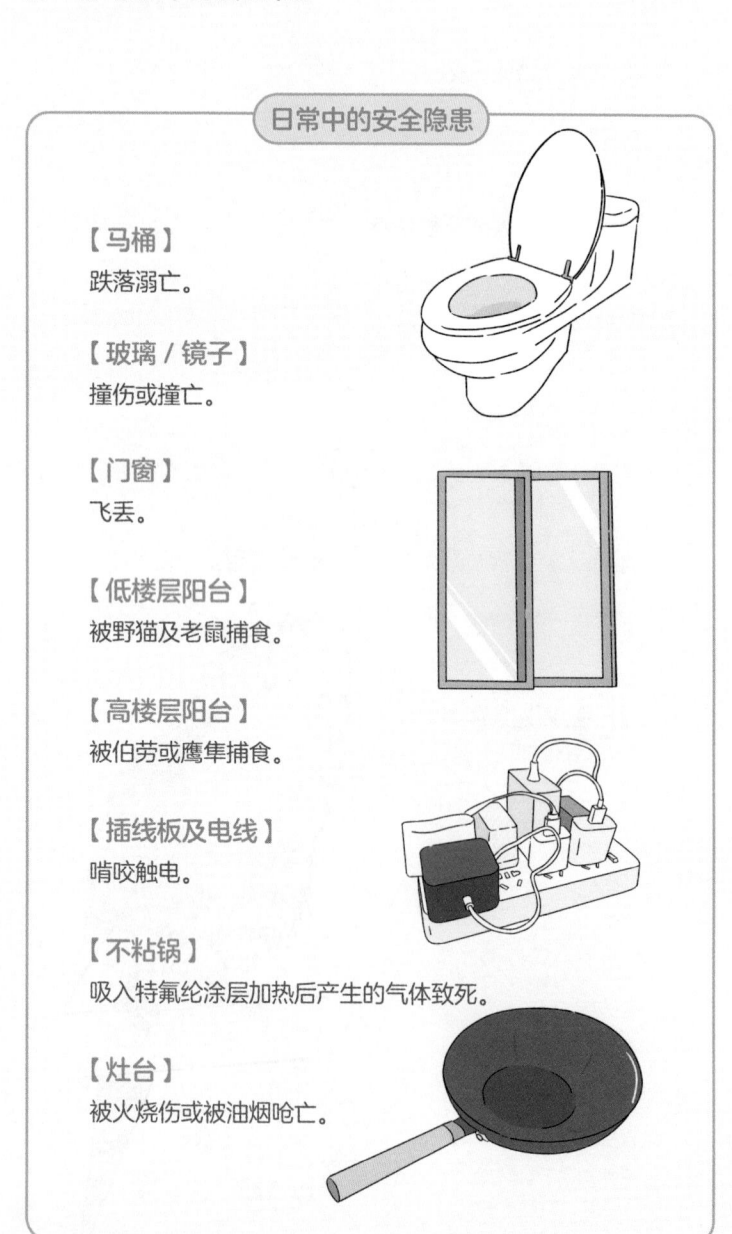

日常中的安全隐患

【马桶】
跌落溺亡。

【玻璃 / 镜子】
撞伤或撞亡。

【门窗】
飞丢。

【低楼层阳台】
被野猫及老鼠捕食。

【高楼层阳台】
被伯劳或鹰隼捕食。

【插线板及电线】
啃咬触电。

【不粘锅】
吸入特氟纶涂层加热后产生的气体致死。

【灶台】
被火烧伤或被油烟呛亡。

常见的对鹦鹉有毒的东西

【家庭常见物品】

特氟纶 即聚四氟乙烯,其主要用在涂层不粘锅上,在一些吹风机或电加热器中也会使用,对人无害,但加热后释放的气体对鹦鹉来说却是剧毒,在靠近鹦鹉的区域使用电器时需要注意这个问题。

- 香水
- 漂白剂
- 樟脑丸
- 油漆
- 发胶
- 重金属(铅、锌、铜)
- 杀虫剂
- 二手烟
- 融化的热熔胶
- 香薰蜡烛

Tips. 所有气味浓烈的工业产品或多或少都会对鹦鹉造成影响,包括香味抽纸等。

【常见有毒植物】

- 洋槐
- 长寿花
- 夹竹桃
- 郁金香
- 风信子
- 铁树
- 欧铃兰
- 仙客来
- 万年青
- 百合
- 水仙
- 杜鹃花
- 常青藤
- 牵牛花
- 绿萝

【宠物唾液】

猫的唾液中通常携带有革兰氏阴性菌(**巴氏杆菌**),这种细菌是猫的口腔和鼻腔中的正常微生物群落之一。在哺乳动物中,猫所携带的这种细菌的比例是较高的。如果鹦鹉被猫抓伤、咬伤,或是常与猫共用水碗、食用猫的食物,那么极有可能会被传染上这种细菌。

被革兰氏阴性菌传染的鹦鹉**并不会立刻出现生病症状**,但是在体质变弱或是环境应激的情况下,它们可能会出现呼吸道感染、皮肤问题或者其他症状。

因此,即使家中的鹦鹉和猫不直接接触,也要防止鹦鹉去啃咬猫的食盆或者水碗,更不要让鹦鹉在其中饮水。还要注意的是,由于猫很爱舔毛,这些毛发多会残留在猫爬架和猫窝上,鹦鹉玩耍时应避开这些毛发较多的地方。

≫ 鹦鹉行为语言

【这个口感不错】

小纸片、小木块等对于鹦鹉来说都是有趣的玩具，可以啃咬、搬运。

【你看我的嘴】

鹦鹉的嘴被称为"第三只脚"，在日常生活中发挥着非常重要的作用，其甚至可以借助喙在垂直的面上攀爬。

【想起了小时候的感觉】

在头发里钻来钻去是一种很有乐趣的探索，被头发覆盖压在羽毛上的感觉，有一种来自鸟妈妈般的温暖（如果频繁地钻头发，也可能是发情的迹象）。

【爬来爬去才好玩嘛】

作为攀禽，嘴脚并用地攀爬，属于鹦鹉的日常之一。

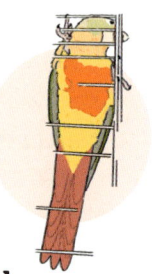

【这家里别想有完整的东西】

这里啃啃，那里啃啃，能啃碎的都弄碎，真是太快乐了。

"小鸡"行为图鉴

【我来也】

可以自由自在地畅快飞翔，是鹦鹉每天最快乐的时光。

【第八套广播体操】

准备开始玩耍或刚睡醒时，鹦鹉都会伸展翅膀做好准备。

【今天也有好好整理】

鹦鹉的尾部有一个尾脂腺，它负责分泌油脂。在整理羽毛时，鹦鹉会将尾脂腺分泌的油脂涂抹到全身，这些油脂不仅可以在羽毛上形成保护层，防止水和污染物侵入，保持羽毛的干燥和柔软，还可以帮助鹦鹉维持体温、缓解压力。

【嗯嗯，就这里】

在换羽期时，一些没有脱落的羽鞘会让鹦鹉感觉不舒服，而头上的羽鞘一般是通过自己挠头或是亲密的同伴帮忙去除的。

第五章　鹦鹉的日常看护

"小鸡"行为图鉴

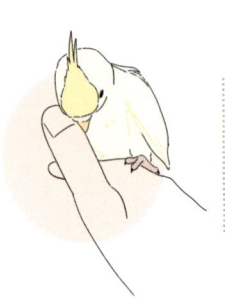

【就一下嘛】

抚摸、轻挠鹦鹉的头部，对于鹦鹉来说是一种开心的互动，尤其是好像哪里都痒痒的玄凤鹦鹉。

【全鹦通用姿势】

屁股下沉＋后退两步＋尾巴翘起＝拉"粑粑"。

【哗哗哗】

刚吃完东西，感觉喙不干净，除了找个地方擦擦，还可以甩干净。

【这里风光好呀】

鹦鹉特别喜欢站在人的头顶。一方面，头顶就像一个天然的"停鸡坪"，另一方面，对于一些与主人不是特别熟悉的鹦鹉来说，站在头顶也可以方便它们快速逃离。

【我有没有很厉害】

单爪钩住窗帘或主人的手指，把自己吊起来，这样的玩耍会让鹦鹉感到十分有趣。

/ 鹦鹉行为语言 /

【爱你，爱你】

鹦鹉之间互相用嘴直接啃咬，是一种沟通及表达爱意的方式，这种方式不限性别也不限品种。

【你最好是不要过来】

在看到有人来时抖动尾羽是威胁的意思，不过在有些情况下，也可能是打招呼。

【你这到底是啥】

站在肩膀上的鹦鹉常常会啃咬主人的耳朵，主要是为了通过啃咬探索耳朵究竟是什么，毕竟鸟类没有耳朵，对于将人类当作同伴的鹦鹉来说，它们不太能理解这个器官的存在。

【你来了！你来了！】

看到主人回家，一天的思念终于可以向主人倾诉，边叫边扑着翅膀朝主人奔去，希望赶紧出笼子好好和主人"贴贴"。

第五章 鹦鹉的日常看护

"小鸡"行为图鉴

【来了来了，这就来了】

从高处落到主人的手上时，会全身心地信赖主人，连翅膀都不张开。

【这里是我的】

鹦鹉之间可能会为了一个高地而发生争执，吵架的方式就是嘴对嘴攻击。

【这样吃才痛快嘛】

鹦鹉的爪子非常灵活，它们可以轻松地用爪子拿起食物，但像虎皮鹦鹉或玄凤鹦鹉则很少有这样的情况。似乎大多数爱用"手"的鹦鹉都是左撇子。

【倒挂金钩】

偶尔用双爪抓着主人的手指做倒吊表演也是一种乐趣。

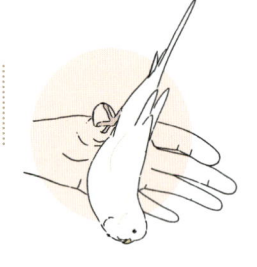

【谁说我是"走地鸡"】

虽然有翅膀，但更爱在地上走来走去。

【我看到你了】

躲起来观察主人，然后又突然出现，对鹦鹉来说是一种好玩的游戏。

【好喜欢这样】

鹦鹉躺在主人的手上，甚至睡觉，是对主人的极度信赖与依赖。

【跳马马】

借力从别人的身上跳过来，总之就是能少飞就少飞。

【那你就是要给我踩一下】

有一些品种，像是牡丹鹦鹉，会特别热衷于踩长尾鹦鹉的尾巴或背，借此机会"乘车"。它们仿佛只要看到尾巴在地上晃动就忍不住要去踩一下。这更多的是一种单方面的玩耍，不过也可能是发情的迹象。

第五章 鹦鹉的日常看护

"小鸡"行为图鉴

【哦？是什么情况】

当有新情况发生或有令鹦鹉感到好奇的事情出现在眼前时,它们会饶有兴趣地歪头看。

【下来了,下来了】

在笼子中移动时十分迅速,全靠那双灵活有力的爪子。

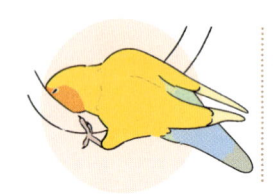

【让我进去嘛】

钻到衣服里,钻到主人的怀里,除了玩耍之外也是一种在寻找巢穴的行为,如果过于频繁就需要阻止,因为下一步就是发情。

【还想要喝奶】

这是雏鸟的"限定动作",未断奶的雏鸟被握住鸟嘴时,会做出求奶动作要求喝奶。

【感觉有点痒痒】

灵活的小爪子可以直接勾到头上想抠的位置,"哗哗哗"抠头的样子就像一只小狗。

【洗澡的时候最快乐了】

鹦鹉看到水盆时会将羽毛膨起、抖动尾羽,做好一切洗澡的准备,洗完澡后还要仔细地整理羽毛。

【洗澡三部曲】

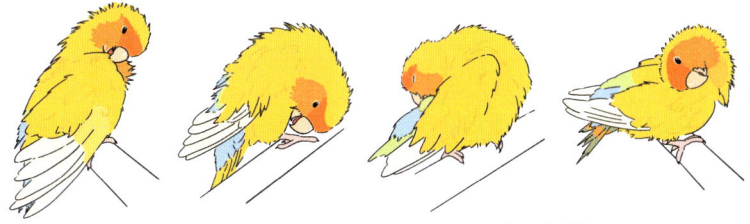

「整理翅膀」　　「整理腿部」　　　　「整理羽毛」

【就这样擦擦好了】

在站架上摩擦鸟喙,不仅可以起到清洁的作用,还能打磨鸟喙。

【沉浸式洗澡就是我这种】

准备了无数的澡盆都不用,一定要用水碗。

第五章　鹦鹉的日常看护

"小鸡"行为图鉴

【不可以一直在这里睡下去吗】

在主人的身上靠着衣服睡觉,这种相互依偎、被保护的感觉,实在是太幸福了。

【深度睡眠中】

当感到特别困的时候,鹦鹉会将喙插在羽毛中深度睡眠,感觉很冷时也会有同样的动作。

【你们不要躺一下吗】

仰躺代表鹦鹉对环境极度信任。

【你在看什么?让我也看一看】

对成天都捧着手机玩的主人感到好奇,也想要参与进来,只要可以一起玩手机,就说明我们肯定还是特别好的同伴。

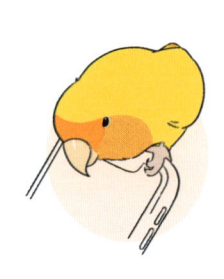

【好热!好热!】

当环境温度较高的时候,张开翅膀有助于鹦鹉散热,感到很热的时候还会张嘴呼吸。

【你怎么一直玩这个】

在电脑前努力工作的主人，会被在旁边玩耍的鹦鹉误认为在玩键盘，因此它也会积极地参与进来，不过参与的方式却是"拆键盘"，因为键盘凸起的构造很容易让鹦鹉产生抠下来的欲望。

【这是为我专门准备的吗】

眼镜腿的构造在鹦鹉的眼中就是一个细细的横杠，让它很难抑制自己攀爬玩耍的天性。

【这个、那个我都要】

将纸条撕下并插在尾羽中，可能是雌性牡丹鹦鹉有繁殖欲望时的一种行为，不过这种行为并不能百分之百地判断鹦鹉的性别。其可能是想用找到的合适材料来建造巢穴，插在尾巴里带回窝内就可以一次性带走很多，有时候这种行为也有可能是在玩耍哦。

【喏！给你的】

当鹦鹉处于发情期时，将食物吐出给对方是一种表达爱意的方式。

第五章　鹦鹉的日常看护

"小鸡"行为图鉴

【让我上来一下】

有时候鹦鹉会借助啃咬主人手的力量，顺势站上手臂，这个动作有点像人在爬楼梯时搭一把手的动作。这种啃咬可能会有些痛，但它并不是故意的。

【给我"走你"】

将桌面上的小物品扔到地上，光是听个响也很快乐。

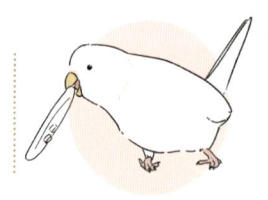

【我现在还"蛮"放松】

感到放松时会将一只脚收起单脚站立，但若同时伴有其他异常情况，则可能是生病的征兆。

【你在吃什么？让我也吃一吃】

与同伴一致的行为准则，时刻都提醒着鹦鹉必须和同伴做一样的事情，即使是主人在吃它不能吃的东西。但是那又怎么样，小小的鹦鹉又不知道！

/ 鹦鹉行为语言 /

【我找你的固定路线】

从桌面到肩膀明明可以飞上去,但是一定要顺着胳膊爬上去,享受攀爬的乐趣。

【别动!我快拿下来了】

在主人身上玩耍时,衣服上的纽扣、带子,因其不同的质地与口感,会给鹦鹉带来新奇感,使其很想不停地啃咬试探,并试图取下来。

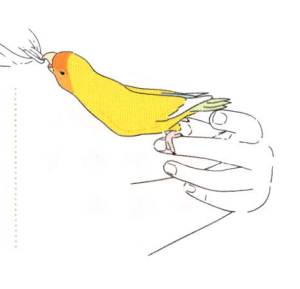

【细细长长】

听到奇怪的声音时,会突然警惕地收缩起所有羽毛,拉长身子观察情况。

【我想要去你那里嘛】

抬起爪子,做好上手的动作,非常希望和主人"贴贴"。

第五章 鹦鹉的日常看护

>> 鹦鹉的求救信号

在野外生存的鹦鹉，如果表现出生病或弱势就可能成为天敌的目标，从而更容易被捕食。因此，它们**学会了通过隐藏疾病来保护自己**。当鹦鹉出现明显的生病状况时，往往已经病得非常严重。在日常生活中，需要**观察它们的求救信号**，以免在病情十分严重时才发现。

通过日常看护记录表及对外观状况的观察，可以很快发现鹦鹉的异常。虽然鹦鹉的细微变化可能难以发现，但是大多数病症发生时，都会**悄悄地反映在体重**上，因此对体重进行日常监测是最重要的一个环节。

流泪的病鸟

因生病而露出耳朵的病鸟

常见的病症，从外观上就能察觉出来

生病的鸟 ←

体重（最重要的信号）
体重呈**不断下降**的趋势。

行为
① 无法正常地站立在栖木上。
② 精神不振，持续闭眼。
③ 持续待在笼底。
④ 异常行为，如歪头、失去平衡。
⑤ 无法收拢翅膀。
⑥ 拔羽毛。
⑦ 尾巴长时间上下摆动。

饮食
① 食欲下降或拒绝进食。
② 叫声微弱，频率明显变少。
③ 粪便颜色及质地异常。

外观
① 嘴角有黏液。
② 打喷嚏、流鼻涕。
③ 眼睛流泪或红肿。
④ 鼻孔堵塞。
⑤ 鸟喙异常。
⑥ 爪子肿胀。
⑦ 爪子不正常脱皮。
⑧ 身体有出血。
⑨ 翅膀或身体部位有肿胀。

羽毛
① 杂乱、脏。
② 大量脱落且脱落的羽管发黑。
③ 颜色异常。
④ 泄殖腔旁的羽毛有粪便粘连。

关于粪便

鹦鹉家长每天做得最多的事之一就是观察鹦鹉的粪便,由于鹦鹉的粪便中含有大量健康信息,因此,鹦鹉家长都希望通过对粪便的观察及时判断出它们的健康状况。

① 健康的排泄物

鹦鹉的排泄物由尿液、尿酸盐、粪便组成,质地与牙膏类似,其颜色受摄入食物颜色的影响很大。

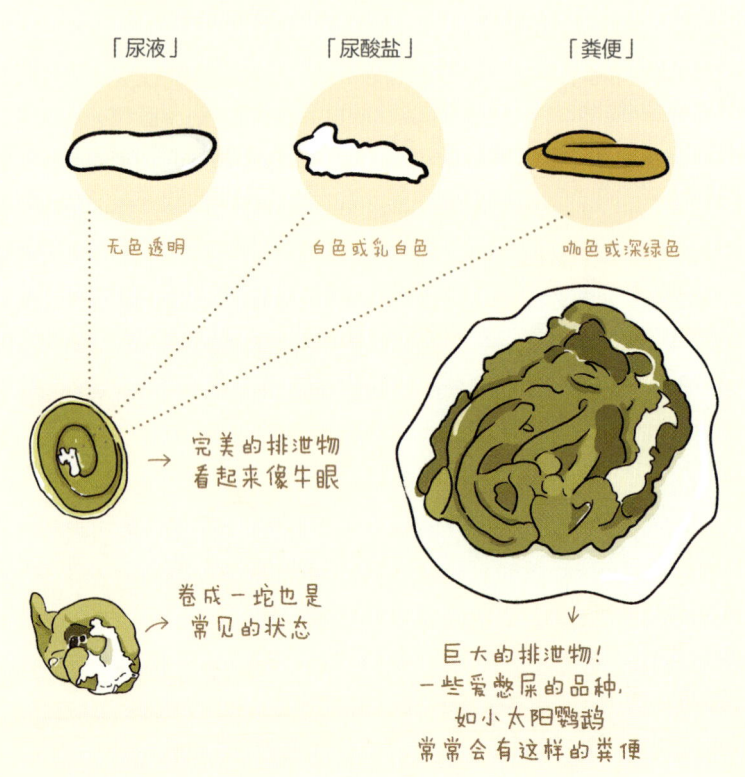

「尿液」 无色透明

「尿酸盐」 白色或乳白色

「粪便」 咖色或深绿色

→ 完美的排泄物看起来像牛眼

卷成一坨也是常见的状态

↓ 巨大的排泄物! 一些爱憋尿的品种, 如小太阳鹦鹉 常常会有这样的粪便

② 其他情况的排泄物

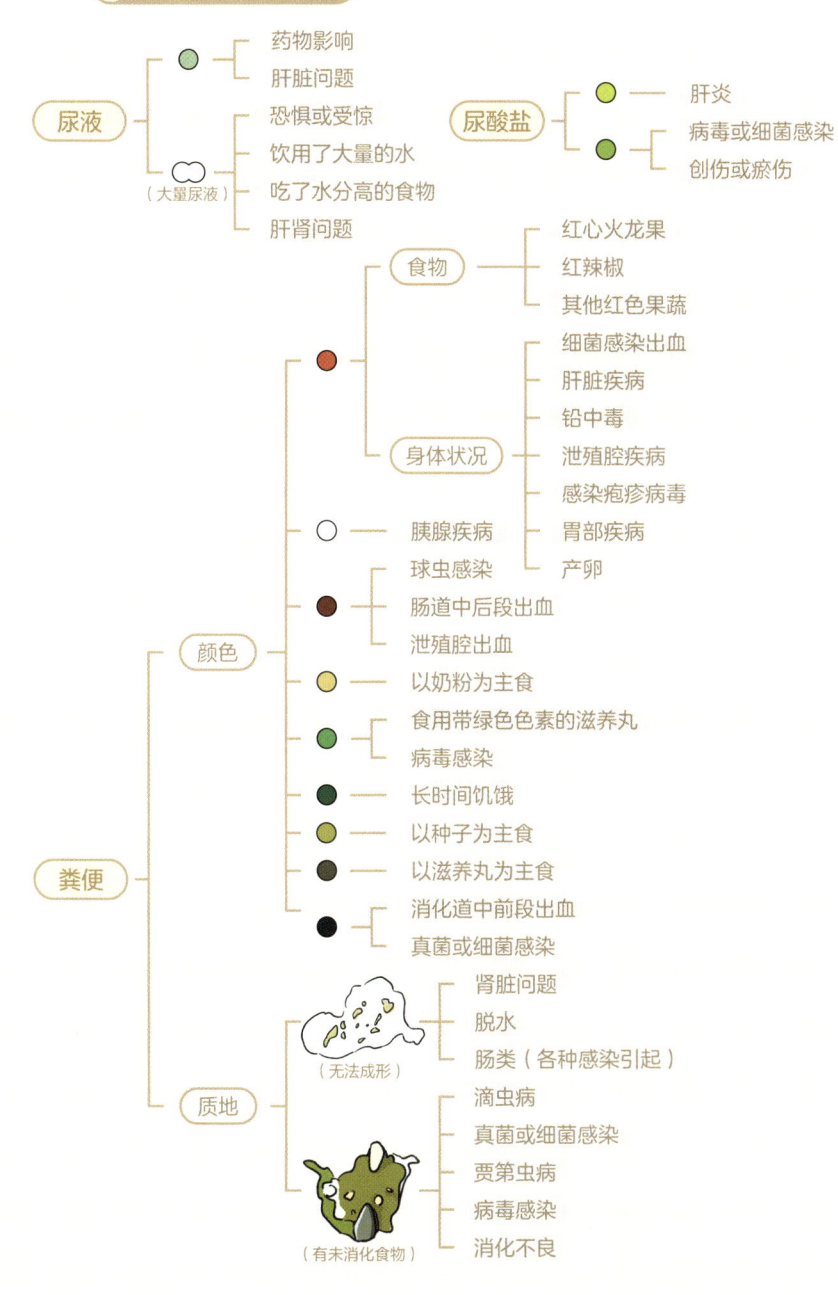

- 尿液
  - 药物影响
  - 肝脏问题
  - （大量尿液）
    - 恐惧或受惊
    - 饮用了大量的水
    - 吃了水分高的食物
    - 肝肾问题

- 尿酸盐
  - 肝炎
  - 病毒或细菌感染
  - 创伤或瘀伤

- 粪便
  - 颜色
    - 食物
      - 红心火龙果
      - 红辣椒
      - 其他红色果蔬
    - 身体状况
      - 细菌感染出血
      - 肝脏疾病
      - 铅中毒
      - 泄殖腔疾病
      - 感染疱疹病毒
      - 胃部疾病
      - 产卵
    - 胰腺疾病
    - 球虫感染
    - 肠道中后段出血
    - 泄殖腔出血
    - 以奶粉为主食
    - 食用带绿色色素的滋养丸
    - 病毒感染
    - 长时间饥饿
    - 以种子为主食
    - 以滋养丸为主食
    - 消化道中前段出血
    - 真菌或细菌感染
  - 质地
    - （无法成形）
      - 肾脏问题
      - 脱水
      - 肠类（各种感染引起）
    - （有未消化食物）
      - 滴虫病
      - 真菌或细菌感染
      - 贾第虫病
      - 病毒感染
      - 消化不良

生病的对策

记录项	状态
品种	
年龄	
性别	☐ 弟弟　☐ 妹妹
体重	
生活环境	温度：　　　　湿度：
伴侣情况	☐ 无　☐ 有（发情期/繁殖期/产蛋期）
喂养情况	
使用补剂	☐ 是　☐ 否
家中其他鹦鹉是否有疾病	☐ 是　☐ 否
推断的发病时间	开始时间：　　持续时间：　　间隔频率：
既往病史及药物史	
详细的症状	
饮食状况	☐ 正常饮食　☐ 拒绝饮食
粪便状况	

用手机记录异样的粪便，在将鹦鹉送往医院前，可以在外出笼底部铺上干净的白纸，这样在到达医院后就可以直接进行粪便检查。

① 本地就诊

在怀疑鹦鹉生病时，应立刻查看日常看护记录表，找出表格中有明显变动的数据，结合对鹦鹉行为、外观、食欲及粪便的**多维度判断**，可以较为准确地推断出其是否有生病的情况。

在完成自我检查后，将鹦鹉带到专业的医院做进一步检查，并且**向医生提供详细的日常看护记录表及说明病因、病况。**

② 网络问诊

虽然当鹦鹉生病时的最佳方案一定是去医院及时就诊，但由于异宠医院的普及程度有限，在许多鸟友的城市都没有匹配的医疗，在不得已选择网络问诊时，需要提供更加全面与详细的信息，帮助在网络另一端的医生推断鹦鹉可能存在的疾病。

但是一定要知道的是，网络问诊具有更大的风险性，因为医生无法对鹦鹉做实际的常规检查：如便检、口腔检查等。这种方式诊断出来的病情可能会与实际天差地别。

进行网络问诊时，要尽可能详细而全面地提供上述鹦鹉信息，可结合图片、视频资料向医生描述鹦鹉的病情症状、生活环境。

常见鹦鹉病症

鹦鹉常见的病症多是由细菌感染或是营养不良造成的,从正规渠道购买的鹦鹉很少出现寄生虫问题。**大部分病症都是防大于治**,正确、科学的喂养方式有助于避开这些病症。

① 细菌或真菌感染

巨大菌感染(Avian Gastric Yeast Infection) 常见的消化系统疾病之一,常发于虎皮鹦鹉身上。这种感染会对鹦鹉的胃壁造成伤害,并导致胃炎和消化系统问题。巨大菌感染的症状包括呕吐、腹泻、食欲下降、体重减轻或胃口改变。

念珠菌感染 念珠菌原本就存在于鹦鹉的消化系统内。一般情况下,鹦鹉能与之"和平共处",但当鹦鹉抵抗力下降、营养不良时,就会大大增加念珠菌感染的风险,进而引发嗉囊炎或是肠胃疾病。

细菌性皮炎 一般是受伤后导致的感染,比如被别的鹦鹉攻击出现伤口或是被尖锐物品割伤,开放性的伤口都有可能被细菌感染,进而导致细菌性皮炎。

霉菌感染 霉菌是一种普遍存在于自然环境中的真菌。在自然环境中的土壤、植物、水源中都有,如果鹦鹉的免疫系统功能下降,这种霉菌感染会导致呼吸系统出现问题。

鹦鹉热 鹦鹉热衣原体所引发的疾病一般被称为鹦鹉热，这是一种可以传染给人类的疾病。感染鹦鹉热的鹦鹉可能会出现咳嗽、大喘气、呕吐、腹泻等症状。不过，存在鹦鹉携带鹦鹉热衣原体却不发病的情况，在抵抗力下降、营养不良、压力增大时才会显现出症状。当人被传染鹦鹉热后，症状会很像流感。

② 病毒感染

一般来说，病毒感染都具有很强的传染性，且致死率高。但目前没有很好的治疗手段，一旦出现病毒感染就只能尽量控制病情，难以治愈，也几乎没有对应的预防药物。因此，**不要让宠物鹦鹉与外界自然环境中的禽类直接或间接地接触**（包括从市场上带回的活禽等），并做好新成员回家的**防护措施**。

鹦鹉喙羽症（PBFD | Psittacine Beak and Feather Disease） 鹦鹉喙羽症是由一种环状病毒引发的病症，这种病毒对于幼鸟来说更容易感染及受到影响，大多数患病的鹦鹉都在两岁以内。在某些情况下，母鸟被病毒感染也会直接导致鸟蛋被感染。

鹦鹉喙羽症具有潜伏期，从接触病毒到出现症状，时间间隔一般为3~4周。鹦鹉喙羽症会导致羽毛脱落或是鸟喙发生变化。在羽毛脱落后，病鸟常常会啄咬身上的绒羽，这种啄羽的行为是由于身体不适导致的，与抑郁状态下产生的拔毛现象完全不同。

鸟多瘤病毒（APV | Avian Polyomavirus）鸟多瘤病毒既能通过空气传播，也能通过接触感染的鸟或者被污染的环境，如粪便、食物、水源等导致感染。因此，鸟多瘤病毒很容易在鸟密集的地方快速传播。感染鸟多瘤病毒的症状包括免疫力下降、皮肤问题、腹泻、呕吐、呼吸困难、生育出现问题等。

鸟博尔纳病毒（ABV | Avian Bornavirus）鸟博尔纳病毒的感染与鸟类本身的免疫系统反应有关，出现的症状也是多方面的，包括食欲减退，活动量下降，呼吸系统、消化系统、神经系统等出现问题。目前认为鸟博尔纳病毒的感染可能会引起前胃扩张症（PDD）。

疱疹病毒 疱疹病毒一般通过直接接触或是空气传播，粪便以及被污染的食物和水都是传染源，主要会对鹦鹉的肝肾造成伤害。由于肝肾受到影响，在病情上可能会体现为食欲下降、体重减轻、表皮病变、呼吸困难等。

③ 寄生虫

一般分为体内及体外的寄生虫。体外寄生虫以螨虫和虱子为主，它们会寄生在鹦鹉的羽毛或皮肤上，在皮肤表面以及羽毛根部引发各种异样状况，可以通过肉眼观察到。而体内寄生虫则以滴虫、鞭毛虫等为主，体内寄生虫更容易带来消化系统问题，症状表现为食欲下降、腹泻等。

(滴虫)　(疥螨)　(鞭毛虫)　(羽螨)　(羽虱)　(气囊螨)

④ 营养问题

维生素A缺乏　以种子作为主食的鹦鹉容易缺乏维生素A，其可能引起的问题是非常多样的，比如容易出现各种病症，包括呼吸系统疾病、消化道疾病、羽毛出现问题、爪子发炎（大黄脚）等。这些病情会因为鹦鹉自身的差异，呈现出不同的症状和程度。

水溶性维生素缺乏　水溶性维生素（维生素C、B族维生素）对维持免疫系统的正常运转非常重要，它们对鹦鹉的代谢、神经系统、激素、精神状况都有很大的影响。缺乏水溶性维生素也会影响鹦鹉羽毛、皮肤和骨骼的健康程度。

其他维生素及多样矿物质缺乏　当其余维生素及多样矿物质缺乏时，还会导致一些特定的器官（如甲状腺）出现问题，产生的问题同样是多样的，并不会只出现特定的某一种疾病。

维生素分为脂溶性和水溶性。脂溶性维生素包括维生素A、维生素D、维生素E和维生素K，水溶性维生素包括维生素C

和 B 族维生素。脂溶性维生素摄入后可以存储在体内供鹦鹉使用，但水溶性维生素却无法被储存，因此需要每天供应。

尽管鹦鹉的营养需求会因品种不同而有所差异，但多样的维生素是所有鹦鹉都需要的。维生素是鹦鹉代谢过程中必需的有机化合物，对于其免疫系统的维护来说至关重要。传统以种子作为主食的喂养方式，很难让鹦鹉获取充足的维生素和微量元素，而缺乏这些物质会导致多方面问题，包括羽毛、皮肤、鸟喙等的状况变差，同时也会对鹦鹉的心理及行为产生不良影响。

注意
当饮食中已经包含滋养丸时，不应再额外补充维生素（如在饮食中加入多种维生素粉末），过量的维生素（特别是脂溶性维生素）会导致鹦鹉中毒，并引发各种疾病。

缺钙 钙的摄入对鹦鹉来说很重要，尤其是对于产卵期的鹦鹉，缺钙可能会导致难产等异常情况。但大部分鹦鹉可以通过优化饮食结构确保钙的摄入，例如多样化食物搭配滋养丸。

缺钙的征兆
① 骨骼出现问题。
② 鸟喙过度生长或者异常剥落增多。
③ 精神状况异常。
④ 羽毛暗淡、脆弱及脱落。
⑤ 生出软壳蛋。
⑥ 饮食状况异常：饮水量大。
⑦ 出现呼吸道问题。

⑤ 生殖系统疾病

卡蛋 雌性鹦鹉生殖系统堵塞、过度产卵、缺钙等，都可能导致鸟蛋无法正常排出。

睾丸肿瘤 雄性鹦鹉过度发情时会导致睾丸肿瘤。

⑥ 肝肾疾病

脂肪肝 饮食中脂肪含量过高且缺乏维生素 B 时，就容易因肥胖引发脂肪肝。

肝肾问题 被细菌、病毒感染或是缺乏维生素 A 等，都可能会导致肝肾疾病。

⑦ 消化系统疾病

嗉囊炎 饮食不当或被细菌、病毒、真菌感染。

前胃扩张（PDD | Proventricular Dilatation Disease） 可能是因鸟多瘤病毒感染所导致的。鹦鹉前胃扩张出现的病症可能包含呕吐、腹泻等。

⑧ 呼吸系统疾病

鹦鹉的呼吸系统疾病大多由细菌、病毒、真菌或其他微生物引起，症状包括喘息、呼吸困难、咳嗽、流鼻涕、打喷嚏等。当发现鹦鹉出现张嘴呼吸、频繁点尾辅助呼吸等情况时，都应考虑其是否存在呼吸系统疾病，如鼻窦炎、气管炎、气囊炎、肺炎。

> 鼻窦炎　除细菌、病毒、真菌感染外，缺乏维生素 A 也可能导致鼻窦炎。

⑨ 皮肤问题

> 肿瘤　当细胞在生长和分裂过程中出现异常时，鹦鹉的身上就可能会形成肿瘤，比如脂肪瘤、纤维瘤等。虽然肿瘤的确切成因并不明确，但环境因素，如毒素、病毒，以及遗传因素等都可能会导致肿瘤出现。

⑩ 鸟喙问题

鸟喙是由角蛋白组成的，就像我们的指甲一样，会一直生长。因此，有时候可以在鸟喙上看到有层次的剥落现象，一般来说这是生长过程中的正常情况。

导致鸟喙出现异常情况的原因有很多，包括受到感染、营养不良（各种维生素及微量元素的缺乏），或是发育异常、肝功能异常、患有肝病等。另外，还有可能是缺少供其磨喙的玩具。

「常见的鸟喙异常状况」

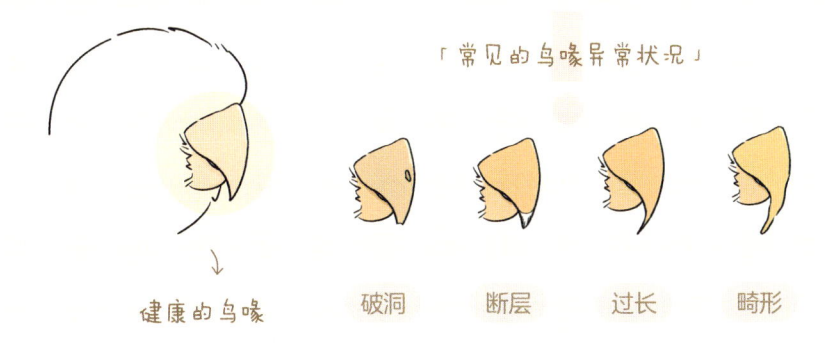

健康的鸟喙　　破洞　　断层　　过长　　畸形

⑪ 心理问题

拔羽毛、自残　鹦鹉可能会因为压力或是与主人分离产生焦虑，从而出现拔毛的行为。

⑫ 外界因素

烫伤　被加热取暖的物品烫伤；给幼鸟喂食时，因食物温度过高，导致嗉囊被烫伤。

中暑　当鹦鹉在烈日下被直晒，或者处于温度高于32℃且空气流通性差的环境中时，容易发生中暑情况。

误食异物　鹦鹉在玩耍时误食难以消化的异物，如棉绳攀爬玩具。

骨折　被主人意外压到的情况下很有可能骨折。

羽毛流血　换羽期时长出的新生羽毛如果被外力伤害，如被同类攻击啃咬，则很容易流血。

关于鹦鹉猝死

鹦鹉十分擅长隐藏疾病，以至于许多病情在某些个体身上**可能毫无症状**，等到发现时已经十分严重。可能造成鹦鹉猝死的原因非常多：重度呼吸系统感染、心血管疾病、生殖系统疾病、肝肾疾病、消化系统疾病、外伤（比如被猫攻击）、中毒、长期缺乏必要的营养物质等。

养一只鹦鹉需要投入大量心力，除了优化日常饮食外，定期记录鹦鹉的身体情况也有助于了解鹦鹉的真实健康情况。

外伤的处理

鹦鹉身上出现外伤，多数是因为**笼子内布置不当**或者**选择了错误的、不安全的玩具**，以及在家中自由玩耍时遭遇意外危险。在日常照料中需要尽可能避免这些情况，排查家中不安全的因素。但是，鹦鹉出现明显的外伤、流血也是主人常常要面对的问题。

需要注意的是，鹦鹉是非常敏感的动物，如果主人在面对流血事件时十分紧张，鹦鹉也能感受到。这种心态变化极不利于后续做好初步的应急措施。试想，本来就疼痛流血且受惊的鹦鹉，此时若面对一个更加慌张害怕的主人，它很可能会更加抗拒接下来的接触与处理措施。而这种挣扎不仅可能加剧伤口的流血情况，还可能导致出现二次受伤。因此，发现鹦鹉有外伤后，建议采取以下处理措施。

鹦鹉外伤处理措施

【保持冷静】

动作轻柔、平缓地靠近鹦鹉并用平静的声音和动作来安抚它。接下来，避开伤口，用手控制住受伤的鹦鹉。

【清洁伤口】

使用生理盐水冲洗伤口，以减少感染风险。

【控制出血】

如果伤口出血严重，可以使用干净的纱布或绷带轻柔地按压在伤口处，以达到止血的目的。同时，联系好附近的异宠医院，做好就医准备。

【安抚照料】

处理完鹦鹉的外伤后，需要将受伤的鹦鹉单独放在安静且干净的笼子里。如果室温很低，还需要将受伤的鹦鹉放在**保温箱**内，或者为它们提供28℃左右的室温环境。休养的环境中可以暂时不放置玩具或过多的站架。当家中有多只鹦鹉时，要在受伤鹦鹉恢复之前暂时将它们隔离开。

【其他】

当鹦鹉出现外伤时，除了面临疼痛和感染的风险外，也可能对它的行为和心理造成影响，例如出现**恐惧**、**焦虑**、**行为异常**等状况。因此，主人在处理伤口的同时，也要注意它的心理状态，及时给予其充分的关注、安抚和关爱。

> **Tips.**
> 家中常备的**碘伏、酒精**等具有强烈刺激性的医用消毒液**并不适合**用于冲洗鹦鹉的伤口，因为它们可能会引起皮肤的过敏反应，并且增加鹦鹉的不适感。

处理外伤时控制鹦鹉的姿势

鹦鹉生病情况常见问题解答

Q. 可以在家中常备一些药品**自行治疗**生病的鹦鹉吗?

A. [不推荐]

由于中小型鹦鹉的体重轻,自行诊断并喂药具有一定的风险。鹦鹉的疾病更像是冰山,露出水面的症状往往是类似的,但水下(造成鹦鹉疾病状况的成因)却可能是非常复杂的。

提前购买鹦鹉药品,网络问诊后按医生的嘱咐来治病,应当是没有其他办法下的一种选择,在发现鹦鹉生病时,第一选择永远是在本地的异宠医院问诊。

这是因为在医院完成**相关化验**后,才能**确定鹦鹉的病因**。如果主人在鹦鹉病因不明确的情况下**错用药物,会耽搁病情**,影响整体的恢复与治疗。但如果不确定鹦鹉是否生病,只是觉得行为异常且无法判断粪便是否健康时,网络问诊可能是一个比较高效的选择。主人可以通过提供日常看护记录表及说明详细情况,协助专业的鸟类医生快速判断鹦鹉是否生病,当确定情况后,再立刻做出处理。

Q. 鹦鹉的尿液不是透明的吗，为什么有时候是浑浊的？

A. [一般是正常的]

鹦鹉的尿液本身是透明的，但当尿液、粪便、尿酸盐一起坠落到地上后，它们可能会发生轻微混淆。因此，尿液变浑浊一般来说是正常的情况。

Q. 压力纹到底是什么，是鹦鹉生病了吗？

A. [不一定]

※ 羽毛上的压力纹是与羽毛的生长方向垂直的，因此很容易造成羽毛断裂

鹦鹉是比较敏感的动物，环境中发生的任何变化都可能给它们带来压力，而这种压力会反映在羽毛上，这也是为什么这种纹路被称为压力纹。

当发现鹦鹉身上出现压力纹时，可以从饮食、环境两个方面入手考虑鹦鹉是否遇到了问题。不均衡的饮食及营养过剩的饮食都会对鹦鹉的身体造成影响，从而反映在羽毛上。而家庭环境的变化，如新成员到来、搬家、环境噪声大等都可能是压力的来源。

06

- ≫ 成长日历
- ≫ 换羽期
- ≫ 发情期
- ≫ 繁殖期
- ≫ 产蛋期

第六章
特殊时期的鹦鹉

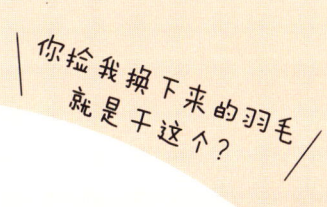

≫ 成长日历

成长阶段	初生	半毛	幼鸟
年龄（小型）	出生后20天内	20～35天	35天～5个月
年龄（中型）	出生后20天内	20～50天	50天～6个月
换算人类年龄	0～0.5岁	0.5～2岁	2～6岁（第一反抗期）
发育状态	刚孵化无毛且脆弱	不能独立	可以独立
性格表现	完全依赖亲鸟	开始有感情，认饲养者为父母	形成自我意识，父母变为同伴

初生至半毛期间，羽毛的变化情况

未成年	亚成年	成年鸟	中年鸟	老年鸟
~8个月	8~10个月	10个月~4岁	4~8岁	8岁以后
~10个月	10个月~1.5岁 第二反抗期	1.5~6岁	6~10岁	10岁以后
~13岁	13~18岁	18~35岁	35~50岁	50岁以后
成熟之前	性成熟，但非繁殖期	繁殖期	从繁殖期"退休"	"佛系"
想逐渐独立	"中二"青春期，但会更聪明	精力放在同伴或家庭上	性格稳定，精力下降	懒懒的，兴趣缺缺

不同时期的鹦鹉对于环境及自身的认知都不同，因此在行为上也有不同的表现。了解它们每个成长阶段的身体特点与心理特点，才能更好地与它们相处。

》换羽期

时间

鹦鹉出生后 2~3 个月内会将全身的羽毛更换一次，此后一般每年更换一次羽毛。

关于换羽

野生鹦鹉换羽是为了替换觅食时损坏的羽毛，保障其飞行能力。但作为宠物饲养的鹦鹉，可能没有野生鹦鹉有那么大的换羽需求，家庭环境及日常生活都会影响它们换羽的频率。因此，并不一定每年一定会换一次羽毛，即使几年换一次羽毛也有可能的。

Tips.
要及时补充多样的新鲜果蔬及营养，在冬季时要额外注意保暖情况。

羽毛的妙用

在换羽期我们可以捡到许多漂亮的羽毛，除了将它们装在瓶子里收藏，也可以挑选一些美丽的覆羽、尾羽做成耳环。

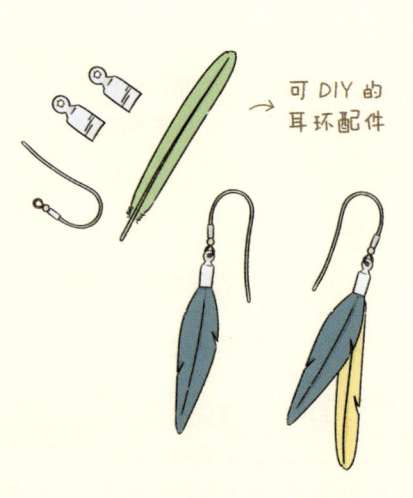

→ 可 DIY 的耳环配件

》发情期

鹦鹉的发情期**一般在春夏季**，也会与环境有关。在发情期时，鹦鹉的性激素水平会上升，有强烈的繁殖意愿。但是**如果鹦鹉并没有实际的配偶**，而是因为照顾方法错误导致**频繁发情**，那么将会对鹦鹉的身体造成负担，引起生殖系统的一系列疾病。并且，处于发情期的鹦鹉会有更强的活动意愿和更亢奋的情绪状态，可能会对主人产生攻击行为。在这样的情况下，主人必须促使鹦鹉从发情的状态中"醒"过来。

注意事项如下所示。

注意

① 避免抚摸 —— **要避免抚摸鹦鹉的背部或翅膀**，这种行为等同于鸟类的求偶行为，会传递错误的信号。

② 优化饮食 —— 降低饮食中**脂肪的含量**，饮食营养太好会促使鹦鹉发情。

③ 撤掉鸟窝 —— 将所有**能当作窝**的东西撤掉，减少鹦鹉的繁殖意愿。

④ 减少光照 —— **在日落后就让鹦鹉休息**，夜晚变长会使它们认为该环境不适合繁衍后代。

⑤ 取消软食 —— **柔软的食物**往往是求偶时鹦鹉**互相吐食**的食物状态，这也是一种**促进发情**的信号。

⑥ 撤掉镜子 —— 由于大多数鹦鹉都不知道镜子中的另一只鸟就是自己，它们可能会**对镜子中的自己发情**。

第六章 特殊时期的鹦鹉

≫ 繁殖期

　　本书中并不会过多地讨论鹦鹉繁殖的细节。一方面，是一些需要持证的鹦鹉品种不允许个人私自繁殖，另一方面，也希望大家能够理解，**繁衍后代是一个需要慎重考虑的决定**。其实**科学喂养**也应该包含**优生优育**，然而，大多数在家中随意发生的繁殖情况并不符合这一条件。繁育小鸟的确是一个非常有意思的过程，但在没有考虑清楚后代的去留及如何安置之前，并不建议大家在家中繁殖。

　　以下列出一些繁殖期需注意的事项。

注意

① 饮食 —— 提供足够的高质量营养，鸟妈妈有产蛋需求时应该摄入高钙食物。
② 环境 —— 安静、舒适、温度适当的环境。
③ 隔离 —— 使用独立的繁殖箱以增强安全感。
④ 卫生 —— 保持繁殖箱的环境清洁，以防止疾病。
⑤ 陪伴 —— 提供足够的社交互动以保持它们的心理健康。
⑥ 尊重 —— 尊重鹦鹉在繁殖期的保护欲，不要过多地打扰它们。
⑦ 监测 —— 密切监测鹦鹉的健康状况，以便及时发现问题并处理就医。

≫ 产蛋期

注意

① 饮食 —— 鹦鹉在产蛋期需要充足的营养，要提供丰富的高营养食物。
② 环境 —— 温暖、安静而干燥，以保证产蛋的顺利进行。
③ 隔离 —— 为了避免干扰，产蛋期的鹦鹉应该被隔离在一个安静的地方。
④ 卫生 —— 鹦鹉笼和饮食容器应该保持清洁，以防止细菌和病毒的传播。
⑤ 照顾 —— 应该给予产蛋期的鹦鹉足够的照顾，包括定期清洁笼子、给予充足的食物和水等。

(产蛋期常见问题解答)

Q. 为什么鹦鹉会下白蛋？

A. [繁殖期的不当互动]

过度的不适当抚摸是宠物鹦鹉频繁发情的常见原因

当鹦鹉到了繁殖期，即使没有配偶，也依然有可能因为与主人的不当互动而产生繁殖欲望，从而刺激产蛋。

07

看见没,
这是我妈给我整的

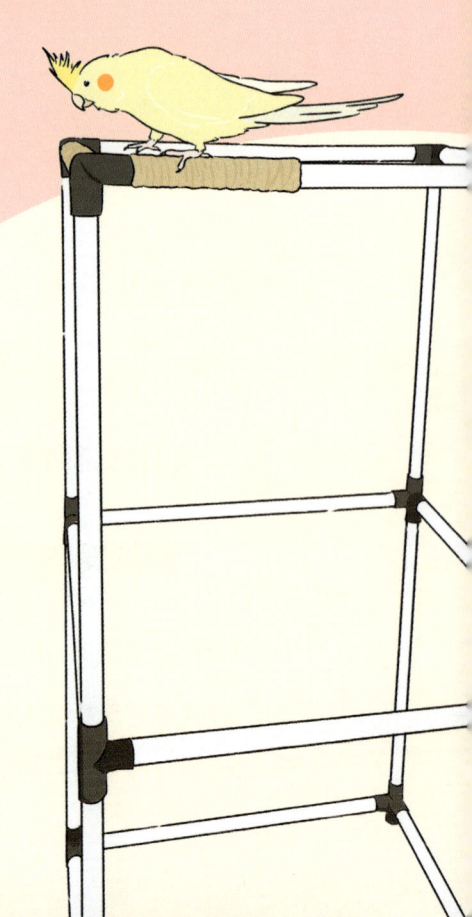

>> 常见疑问和建议

第七章
养鸟人笔记

》常见疑问和建议

短期离开家时鹦鹉怎么办？

有时候主人会遇到短途出差或回家过年等情况，无法将鹦鹉带在身边，为了避免将鹦鹉独自留在家中无人照料，除了寄养外，还有一些方案可供选择。

① 请同城的朋友或同小区的邻居帮忙，每日上门更换水和食物，同时用监控对准鸟笼，以便在发现鹦鹉有异常状况时，及时通知朋友或邻居上门处理。

② 可直接寻找提供上门代喂养服务的鸟友。

鹦鹉意外丢失后怎么办？

① 确定鹦鹉是否真的丢失，有时候它们只是藏在家中的某个角落。

② 在鹦鹉可能丢失的位置（如窗户或阳台）**播放鹦鹉鸣叫的声音**，为迷失的鹦鹉**提供回家的定位指引**。有时候对主人的呼喊不会回应的鹦鹉，在听到同类叫声后会发出回应。

③ 在社区群内发布寻鸟公告，让邻居们都知道你丢失了鹦鹉，当有人遇到你的鹦鹉时能尽快告知。

④ 附上丢失地点的定位信息并在网络上发布寻鸟公告。

捡到鹦鹉怎么办？

如果在户外遇到走失的鹦鹉，需要注意以下几点。

① 检查鹦鹉的身体状况，比如是否有外伤等。

② 如果要将鹦鹉带回家安置，需要将鹦鹉与自家的**"原住民"隔开**，不可直接接触。同时，在接触自家的"原住民"前要洗手消毒。

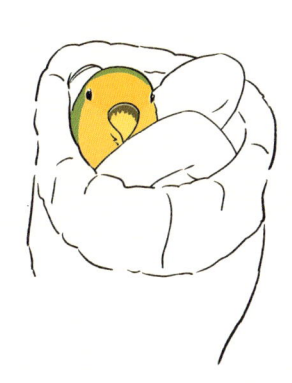

③ 在社区群里发布公告，寻找主人。

④ 如果在鹦鹉遗失地点附近没有找到主人，也可以选择在社交媒体上发布寻主公告。

出门前要注意：是否有鹦鹉站在肩上？

在**冬季穿着厚重衣服时**，尤其需要在出门前仔细检查是否已有鹦鹉落在了身上。因为衣服较厚，所以当中小型鹦鹉飞到身上时，那种**重量完全可能被主人忽略**，从而把鹦鹉误带出门。这种意外的外出往往会造成鹦鹉飞丢且无法找回的严重后果。

鹦鹉最好的保养方式：日光浴

阳光对于人类来说是不可或缺的，这一点对于鹦鹉来说也是一样。

维生素D 阳光可以帮助鹦鹉生成维生素D，有利于钙的吸收和利用，保证骨骼的健康，特别是对于幼鸟和繁殖期的鹦鹉来说更为重要。

紫外线 阳光中的紫外线可以有效杀死鹦鹉羽毛中的寄生虫，有利于保持羽毛的清洁和健康。

免疫力 日光浴有助于改善鹦鹉的精神状态，增强其免疫力。

但是在安排日光浴之前，主人还需要了解以下情况。

① 日光浴的时机：早晨或傍晚，这些时候的阳光较为温和。正午或下午在烈日下暴晒，可能会让鹦鹉感到过热，甚至会引起中暑。

② 日光浴的时间：**每次15~30min即可**。长时间的日光浴可能会导致鹦鹉脱水。

③ 日光浴的地点：提供半遮阳的区域，让鹦鹉可以自由选择是待在阳光下还是阴凉处。

④ 如何判断鹦鹉是否喜欢日光浴：当鹦鹉出现舒展翅膀、整理羽毛等行为，说明它正在享受日光浴。反之，如果鹦鹉一直在大声喊叫或者收紧全身羽毛，那么可能需要给它更多的时间适应。

注意

> **室内日光浴**
> ① 将鹦鹉关在笼中,打开窗户让其直接接受阳光的照射。在日光浴的过程中不要离开鹦鹉,以避免自然环境中的捕食者闻声而来。
> ② 使用鸟类专用的太阳灯,在室内提供模拟户外自然光照的环境。

鹦鹉太黏人该怎么办?

野生环境下的鹦鹉是群居动物,它们**是一种需要同伴陪伴和互动的动物**。被人饲养长大的鹦鹉会将主人视作比同伴更重要的对象,甚至视作自己的伴侣。如果和主人相处、陪伴的时间被大幅度减少,一些过度依赖主人的鹦鹉会焦虑不安或者大声喊叫,试图将主人叫回来,还有一些鹦鹉会由于主人过度宠爱,给予其极少的独立活动时间,从而变得更加无法离开主人。

面对这种类似"分离焦虑"的问题,可以尝试以下办法。

独立的游戏时间 为鹦鹉布置游戏架、寻找食物的游戏盘,让它学会独立玩耍。要让鹦鹉了解即使是主人不在的时候,它也有可供娱乐玩耍的事物。

定时互动 "上班族"可以设定有规律的陪伴时间,例如在每天特定的时间段与鹦鹉进行互动、玩耍。让鹦鹉逐渐明白,即使主人不在，也不必担心，因为主人会在约定的时间返回。

鼓励独立行为　如果鹦鹉开始独立玩耍或者自娱自乐，你可以奖励它们，如给它们最喜欢的小零食。这样，它们就会慢慢明白，独立的行为是被鼓励的。

鹦鹉同伴　为鹦鹉寻找一个同伴，让它们有更多的社交机会，也是一种十分直接的办法。但需要注意的是，如果两只鹦鹉**相处融洽并产生强烈的情感依赖**，也有可能最终完全不需要主人的陪伴，甚至一些主人会觉得**鹦鹉变得完全"不亲人"**了。因此在选择这个办法前，要**权衡自己的实际需求**，如果无法接受鹦鹉有了新同伴后"抛弃自己"，则应该从其他方面入手解决鹦鹉黏人的问题。

带鹦鹉外出时要注意的事情

出门前要检查以下几个方面。

是否携带合适的装备

① 鸟笼或者专用的鸟背包——要确保鹦鹉有足够的活动空间并能透气。

② 飞行绳——在出门之前应提前佩戴好飞行绳，并且在家中检查好飞行绳的每个部位是否结实，是否有脱线、断开的可能。

③ 其他装备——食物和水也是在外出时需要准备好的东西，如果是长途旅行，还需要一个用来接粪便的垫子或者一些清洁用品。

保持警惕　户外环境的**风险来自四面八方**，即使在笼子里，鹦鹉也可能被好奇的野猫攻击，造成抓伤。因此，在无法确认环境安全的情况下，需要时刻保持警惕，注意鹦鹉的安全。

适应新环境　并不是所有的鹦鹉在外出时都会感到开心，它们更可能需要一些时间来适应新的环境——新的声音、气味和活动可能会让它们感到紧张。在前几次外出时，可能需要花费更多的时间来让鹦鹉适应新环境，例如在**新环境下时刻陪伴着它们**，让它们感觉自己不是孤独的。但如果鹦鹉十分抗拒外出，也应该尊重它们的感受。

使用塑料薄膜的问题

对于每日的鸟笼清洁，许多鸟友会推荐使用一次性塑料薄膜将笼子底部的接粪盘套住，以便于更换和清洁。但如使用不当可能会造成几个问题。

误食风险　塑料薄膜无法完全平整地贴到底部时，一些比较调皮或者好奇心重的鹦鹉，会将嘴伸到笼丝下面，将塑料薄膜拉上来啃咬玩耍，在这个过程中可能会导致鹦鹉误食塑料，继而引发一系列肠胃问题。

无吸水性 塑料薄膜本身不具有吸水性，而鹦鹉每天在笼子中产生的粪便、食物残渣是含有水分的，粪便与食物（尤其是鲜食）在夏日的环境下会迅速产生异味，污染居住环境的空气及危害鹦鹉的健康。

因此，如果使用塑料薄膜，应尽可能选择尺寸合适的，并在底部铺上可吸水的材料，同时，使用后要观察鹦鹉的行为。

为什么从小养大的鹦鹉不亲人了？

手养鹦鹉变得害怕主人的靠近、不愿意主动亲近主人。这常常是鹦鹉主人感到困惑的问题："我的宝贝怎么不爱我了？""这是反生吗？"实际上，鹦鹉的行为会因多种原因而改变，并不能简单地用"反生""叛逆"这样的词来定义它们。手养鹦鹉不亲人的原因可能有以下几种。

① 更换新环境——陌生环境应激。

② 潜在的健康问题——身体不舒服，不愿意与人接触。

③ 成年后性成熟——激素水平剧烈变化导致行为改变。

④ 主人无意中做过伤害鹦鹉的事情——如强制剪掉鹦鹉的飞羽等。

⑤ 有了新同伴——如果鹦鹉与别的鹦鹉结成了伴侣关系，有了强烈的情感寄托，则可能减少对主人的依赖。

如果想要恢复与鹦鹉的关系，可从以下几个方面进行尝试。

确保健康　需要排除鹦鹉的行为改变并不是因为身体不适。

带好礼物　每次接触时都带着鹦鹉最爱吃的零食，让鹦鹉明白，每一次的互动都是愉快的，是有好事发生的。语气温和地跟它互动、交流，不做任何强迫它的事情，不要突然靠近。

给予耐心　环境改变造成的变化只是暂时的，耐心地帮助鹦鹉面对青春期也是鹦鹉家长应该尽到的责任。

如何为鹦鹉拍出好看的照片？

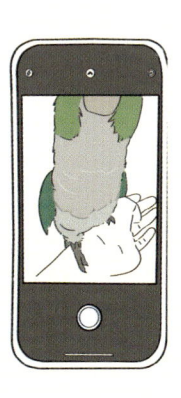

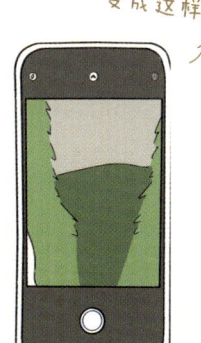

选择错误的时机拍照时，照片往往会变成这样……

时机　选择**鹦鹉专注的时候**，例如洗澡、吃东西或独自玩耍的时候。如果鹦鹉的注意力全在主人的身上，会很难拍到好看的照片。习惯与人类相处的鹦鹉会非常熟悉手机，当你举起手机的一瞬间，它会**不由自主地飞过来**，想要和你一起玩手机。

预测　多观察鹦鹉的日常活动，观察它所展现的可爱的一面。如洗澡前看到水盆会蓬羽，此时的鹦鹉看起来就是圆圆的、毛茸茸的，十分可爱。找到自家宝贝可爱的时机，**提前准备**好手机，及时拍摄。

光线　应选择**顺光**，而非逆光，且光线要足够明亮。逆光会造成照片整体光线较暗，快门速度会变慢，当鹦鹉移动时，将无法捕捉到清晰的照片。

背景　选择**干净清晰或色彩单一**的背景。由于鹦鹉是色彩比较丰富的动物，如果背景颜色复杂且物品混乱，在构图上将无法突出主体。在背景颜色的选择上可以选择近似色或者相对色，最简单的方法便是对着白墙拍照。

光圈　利用大光圈加深景深同样可以突出主体，大光圈在手机拍照模式中为人像模式。

道具　如果想在场景中布置道具，那么在刚放下鹦鹉时就要立刻抓拍。

毅力　**坚持不懈地抓拍**。想一次就拍出可爱、完美、自己喜欢的照片是非常难的，因为给**动物拍照是不可能要求动物配合的**。所有的照片都只能是抓拍。然而，在众多照片中出现一张完美的照片时，作为拍摄者，你将感受到巨大的快乐。

养鸟人拍满照片的手机

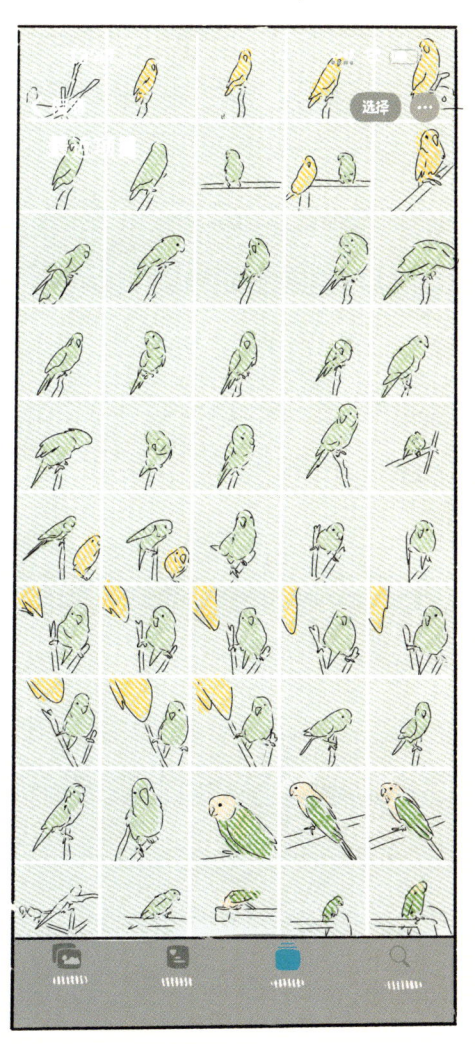

试着自己动手为心爱的鹦鹉拍一张好看的照片吧!

第七章 养鸟人笔记

> 看到新的鹦鹉用品却不使用，是因为鹦鹉不喜欢吗？

鹦鹉主人常常会遇到这样的情况：辛苦挑选的鹦鹉用品或者玩具完全得不到认可，甚至在拿给鹦鹉的时候，它被吓得满屋乱飞。

在前面的章节已经提到过鹦鹉的"先天行为"，无论是食物，还是玩具、用品，甚至是主人突然改变的衣着、发型、发色，都会使鹦鹉受到惊吓。在成年鹦鹉的眼中，突然出现的陌生事物都是危险的信号，这是它们天性里自护的本能，并不是"不懂得家长的心意"。

在新的变化出现之前，需要给鹦鹉一个适应与脱敏的时间。这对于比较内向、胆小的鹦鹉来说尤为重要。

与接触新的食物以及适应澡盆一样，要让鹦鹉逐步接触新的玩具和用品。将新物品与熟悉的物品摆放在一起，让鹦鹉逐渐探索、了解新物品，当它们意识到新的物品是安全的，甚至是有趣的、可以玩耍的，就会开始使用。

可能会让鹦鹉感到奇怪的东西。

| 新摆件 | 新食盆 | 新水壶 | 新美甲 | 新发色 |
| 新玩具 | 新帽子 | 飞行绳 | 新澡盆 | 新眼镜 |

你不要过来啊!!!

从娃娃抓起

Tips.

在鹦鹉的幼鸟时期,多让它接触各类不同的物品,有助于提高其在成年后对陌生事物的接受度(可以理解为从小练胆子)。但对于已经成年并且警惕心强的鹦鹉来说,还是需要逐步脱敏适应。

第七章 养鸟人笔记

> **遇到放出玩耍后十分抗拒回笼子的情况怎么办？**

有些鹦鹉在享受过与主人亲密互动、探索家庭其他空间、参与家庭活动的乐趣后，再面对被单独关在笼子里的情况时，可能会十分抗拒。一旦察觉主人要将自己送回笼子关起来，就会尽可能地躲开主人，甚至可能会不让主人触碰。

出现这种情况后，除了要理解鹦鹉的心情之外，还可以尝试从以下几个方面改善这种情况。

① 排除环境因素——检查笼子周围的环境中是否有新添置的陌生物品，导致鹦鹉受到惊吓或者感到不安。

② 建立对笼子的正向关联——可以只在笼子里喂食鹦鹉最爱吃的零食，让鹦鹉将笼子与"好吃的"联系起来。即使鹦鹉在吃完后立刻从笼中出来，也不要急于关上笼门，而是让鹦鹉可以自由出入笼子，直到鹦鹉对笼子的戒备心降低，坚持多重复几天就可以改善鹦鹉对返回笼子的抗拒。

③ 更改笼子中的布置——耐心观察鹦鹉在笼子中的活动，重新按它的生活习惯和喜好进行布置，让其对笼子中的布置产生好感，即使在自由活动的时候也

愿意返回笼内。当鹦鹉将笼子当作自己可以安心休息、获得食物的地方，其不仅不会抗拒返回笼子，还会在需要休息或者天黑后主动回到笼内。

外面有好多好吃的！

就不要回去~

打造游戏场所

自制游戏架 需要购买的物品：PVC 管、三通及四通接口、剑麻绳、不锈钢开口圆扣、可悬挂玩具等。

用 PVC 管自制的游戏架可以根据家里的实际情况悬挂不同类型的玩具，创造丰富、多层次的游戏体验。

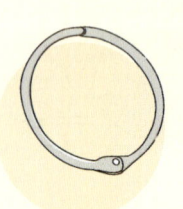

不锈钢开口圆扣可以将各类玩具挂上去

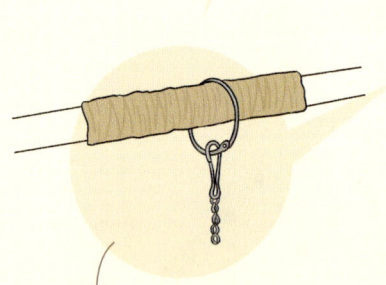

用胶枪固定剑麻绳，要注意胶水不要露出来

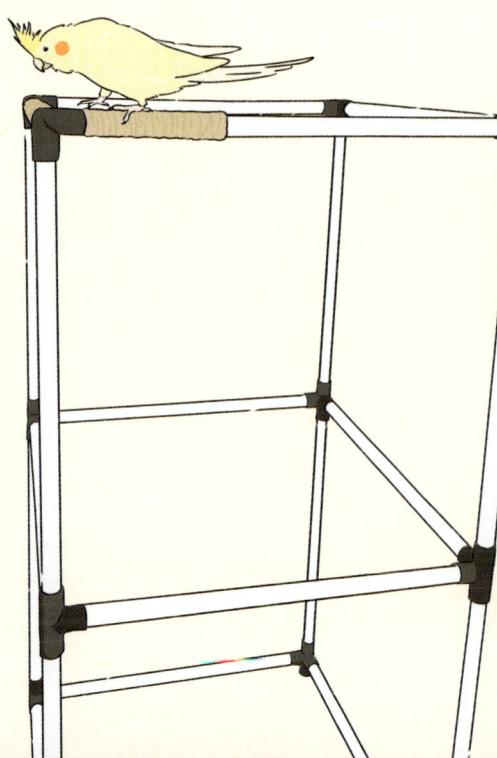

自制游戏食物盘　　可准备浅盘、积木、安全木材玩具，以及鹦鹉喜欢吃的干性食物（如各种种子）等。

可寻找、探索的游戏食物盘中藏着鹦鹉喜欢的零食，这种进食体验更像是自然环境中的觅食行为，可以给鹦鹉提供寻找的乐趣，让其发现独处和游戏的快乐。

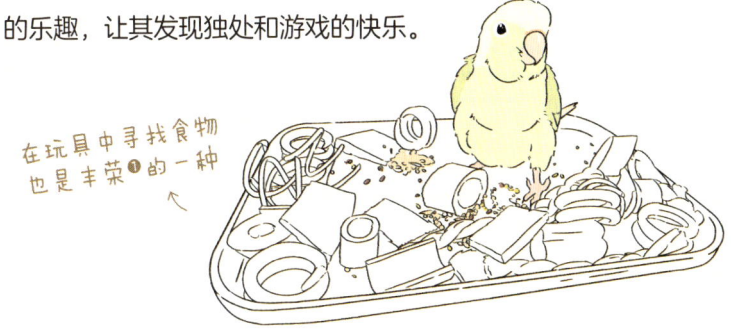

在玩具中寻找食物也是丰荣❶的一种

可沥水的食物盘　　可准备沥水盘、碟子，新鲜果蔬。

利用沥水盘和碟子制作的食物盘可以防止含水量高的食物严重洒溅，也可以将不同形态的食物分区摆放在一个平面上。这样不仅便于观察鹦鹉的食物喜好，也能丰富鹦鹉的进食体验。

食物盘中的食物不需要专门准备，可以从家中当日的食材中选出适合鹦鹉食用的食物，分出一小部分即可。

各类网盘（可往下沥水或成渣）都可以作为食物盘

---

❶丰荣：是指通过对动物习性的观察，在人工饲养环境下为动物提供符合其自然生态需求的物理、社会、认知及感官刺激，以促进动物特异性行为表达、维持其生理和心理的健康，以此提升动物生活的福利水平。

撸鸟指南

全世界最痒的东西
——玄凤鹦鹉的脑袋

鸟喙
只有最熟悉的人
才可以摸哦

背
喂喂喂！
这样很冒犯！

翅膀
看心情……
有点私密，
不熟的话不要摸！

尾羽
不许摸，
只允许看看

常见疑问和建议

耳羽
轻轻揉哦,
我会打呵欠

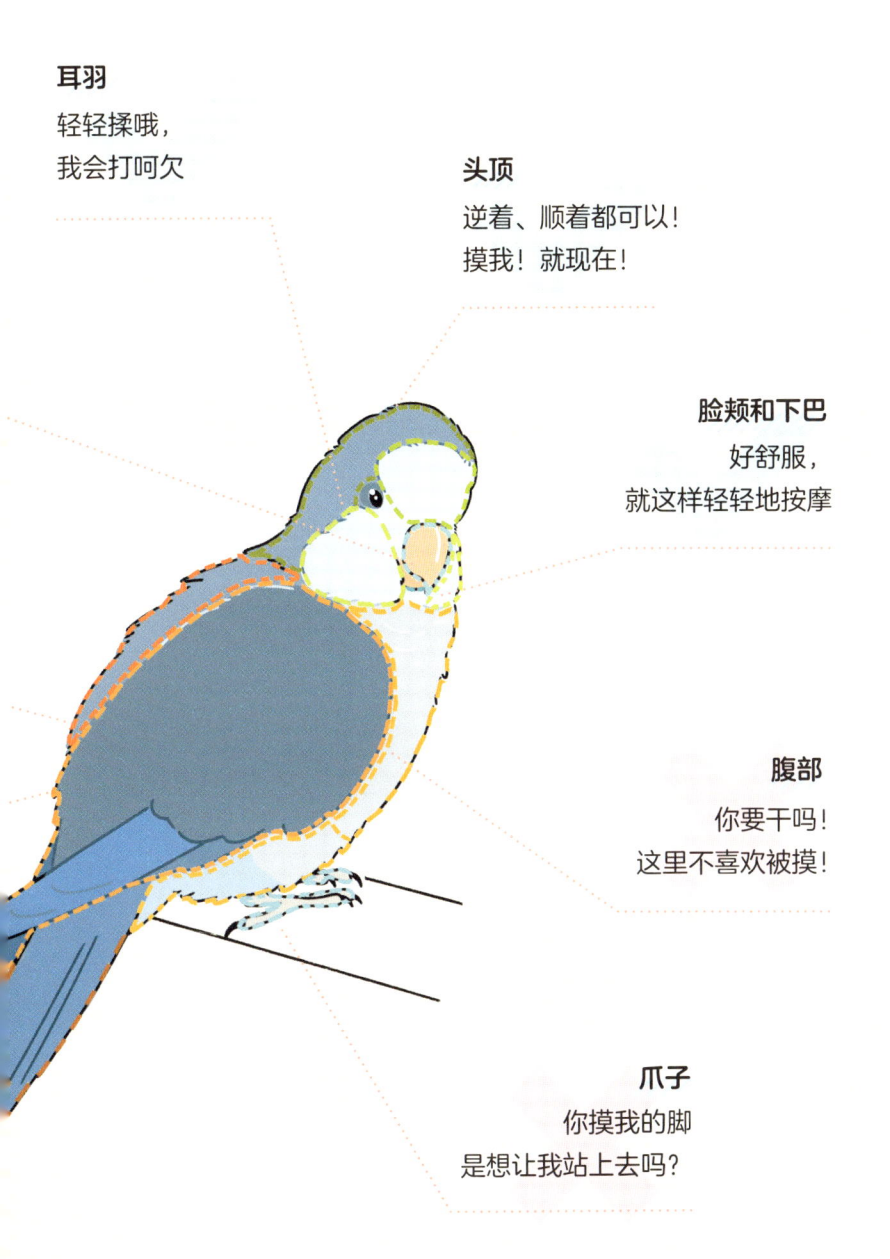

头顶
逆着、顺着都可以!
摸我!就现在!

脸颊和下巴
好舒服,
就这样轻轻地按摩

腹部
你要干吗!
这里不喜欢被摸!

爪子
你摸我的脚
是想让我站上去吗?

第七章　养鸟人笔记

08

好好的,
充满爱地去告别吧。

第 八 章
与鹦鹉告别

我也很想你,
你要好好的哟

> "好好的，充满爱地去告别吧。"

中小型鹦鹉并不如大型鹦鹉的寿命长，它们只有短短十几年寿命，终究会和我们说再见。在鹦鹉生病或老去，即将离开世界之时，一定要做到以下几点。

① 正确认知人类寿命与宠物寿命的巨大差异。

② 一直陪在它的身边。

③ 不要克制对它的爱的表达。

有人说，养宠物就是在谈一场注定会失恋的恋爱，总有一天你会只剩下自己一个人。然而，作为宠物的它们，可能并不理解死亡的意义——**对于死亡，它们能理解的概念可能至多就是分离**。因此，即使要面对死亡，在看到主人依旧陪伴在自己的身边，那么直到临死那一刻，它们也无须面对与主人分离带来的焦虑和痛苦。因此，无论是在养育的哪个阶段，都要尽力做好关心与陪伴，**让回忆充满爱且充实**，不留遗憾。

正确认识宠物的死亡

当主人失去心爱的鹦鹉时，往往难以接受失去它们的现实。大部分人经过时间的治愈，都会逐渐从痛苦中走出来，但也会有一部分人深陷痛苦无法自拔，因此产生焦虑情绪，甚至患上抑郁症。

过去提及这样的现象时，常常会有人说："这不过只是一只宠物而已，至于如此吗？"但对于大多数饲养宠物的人来说，家中的宠物等同于家人。因此，在面对宠物离世时，**感到极度悲伤难过是十分正常的情况**。大家可能会在短期内无法振作，甚至影响睡眠、饮食和精神状态。此时，向朋友或家人倾诉自己的感受，将情绪宣泄出去并逐步调整心态，接受鹦鹉离开的事实，可以有效地缓解宠物死亡带来的痛苦。

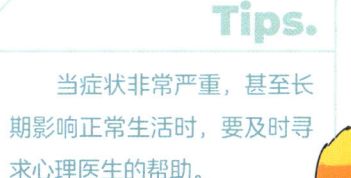

Tips.

当症状非常严重，甚至长期影响正常生活时，要及时寻求心理医生的帮助。

给失宠家长的信

是的，我明白。

这离去让人感到绝望，它像一张巨大的黑布，笼罩了你的整个世界。好好地哭一场吧。

让那些愉快的回忆奋力冲破这张郁沉的布，让它将相处时的阳光重新洒向生活的角落。

它来过，又走了，但那些死亡也无法带走的、刻在记忆中的快乐，将永远被视若珍宝。

参考文献

[1] 郑光美. 世界鸟类分类与分布名录 [M]. 北京：科学出版社，2021.

[2] 文焕然，等. 中国历史时期植物与动物变迁研究 [M]. 重庆：重庆出版社，2019.

[3] John Chitty，Deborah Monks. 鸟类基础临床手册 [M]. 李彦霖，李启文，等，译. 台北：狗脚印出版有限公司，2022.

[4] 松冈滋. 鹦鹉的快乐饲养法 [M]. 彭春美，译. 新北：汉欣文化事业有限公司，2019.

[5] 李凡. 殷墟妇好墓写实动物形玉器初探 [J]. 经济与社会发展，2012, 10(02): 120-122.

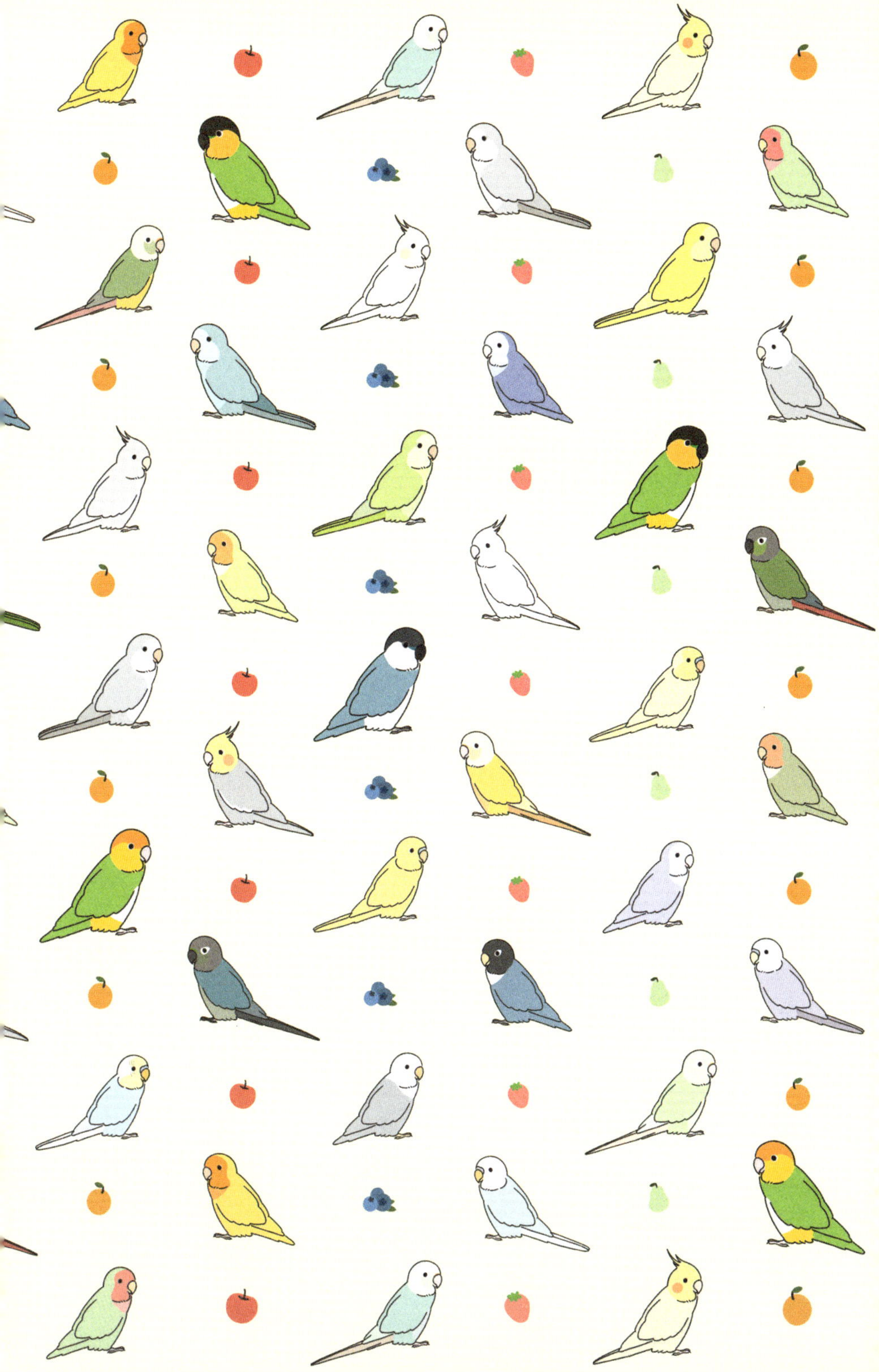

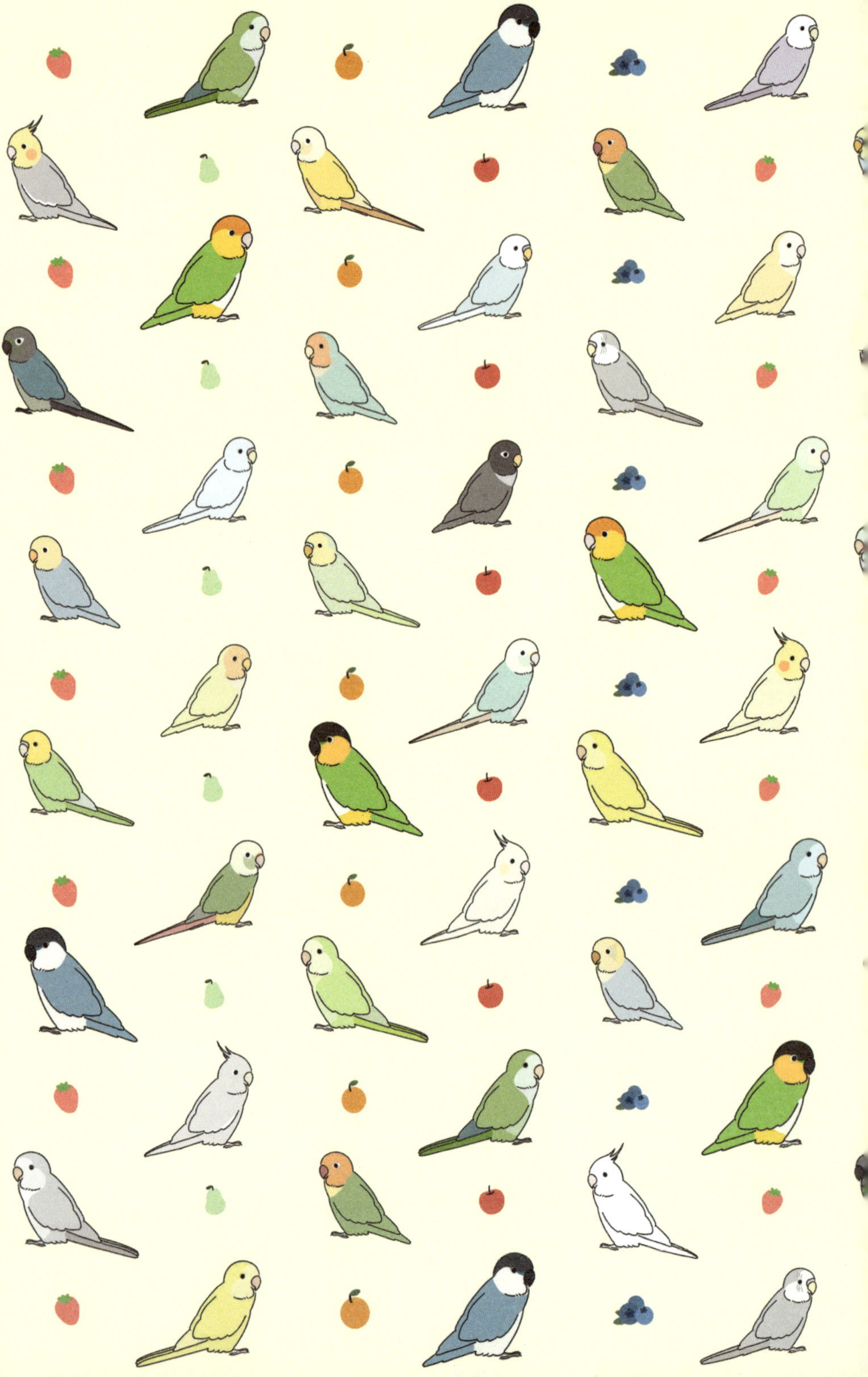

日常记录手册

体重・状态・趣事

（赠品）

(日期　　月　　日)　　　　　　　　　　(名字)

常规记录

体重 _____　　　　温度 _____　　　　湿度 _____

洗澡　　☐ 是　　　☐ 否

精神　　☐ 活跃　　☐ 沉闷

食欲　　☐ 旺盛　　☐ 正常　　☐ 较差

饮食　　☐ 鲜果蔬　☐ 滋养丸　☐ 种子粮

鸣叫　　☐ 响亮　　☐ 微弱

放风　　☐ 是　　　☐ 否

粪便情况

异味　　☐ 有　　　☐ 无　　　整体

颜色　　☐ 正常　　☐ 异色　　☐ 偏稀　☐ 正常　☐ 偏干

异色备注 _____

趣事 / 备忘

日期　月　日　　　　　　　　　　　名字

常规记录

体重 _____　　　温度 _____　　　湿度 _____

洗澡　☐ 是　　☐ 否

精神　☐ 活跃　☐ 沉闷

食欲　☐ 旺盛　☐ 正常　☐ 较差

饮食　☐ 鲜果蔬　☐ 滋养丸　☐ 种子粮

鸣叫　☐ 响亮　☐ 微弱

放风　☐ 是　　☐ 否

粪便情况

异味　☐ 有　　☐ 无　　　整体

颜色　☐ 正常　☐ 异色　　☐ 偏稀　☐ 正常　☐ 偏干

异色备注 _____

趣事 / 备忘

(日期　月　日)　　　　　　　　　　(名字)

常规记录

体重 _____　　温度 _____　　湿度 _____

洗澡　☐ 是　☐ 否

精神　☐ 活跃　☐ 沉闷

食欲　☐ 旺盛　☐ 正常　☐ 较差

饮食　☐ 鲜果蔬　☐ 滋养丸　☐ 种子粮

鸣叫　☐ 响亮　☐ 微弱

放风　☐ 是　☐ 否

粪便情况

异味　☐ 有　☐ 无　　整体

颜色　☐ 正常　☐ 异色　　☐ 偏稀　☐ 正常　☐ 偏干

异色备注 _____

趣事 / 备忘

(日期　月　日)　　　　　　　　(名字)

常规记录

体重 _____　　温度 _____　　湿度 _____

洗澡　☐ 是　☐ 否

精神　☐ 活跃　☐ 沉闷

食欲　☐ 旺盛　☐ 正常　☐ 较差

饮食　☐ 鲜果蔬　☐ 滋养丸　☐ 种子粮

鸣叫　☐ 响亮　☐ 微弱

放风　☐ 是　☐ 否

粪便情况

异味　☐ 有　☐ 无　　整体

颜色　☐ 正常　☐ 异色　　☐ 偏稀　☐ 正常　☐ 偏干

异色备注 _____

趣事 / 备忘

(日期　月　日)　　　　　　　　　　(名字)

常规记录

体重 _____　　温度 _____　　湿度 _____

洗澡　☐ 是　　☐ 否

精神　☐ 活跃　☐ 沉闷

食欲　☐ 旺盛　☐ 正常　☐ 较差

饮食　☐ 鲜果蔬　☐ 滋养丸　☐ 种子粮

鸣叫　☐ 响亮　☐ 微弱

放风　☐ 是　　☐ 否

粪便情况

异味　☐ 有　　☐ 无　　整体

颜色　☐ 正常　☐ 异色　　☐ 偏稀　☐ 正常　☐ 偏干

异色备注 _____

趣事 / 备忘

| 日期　月　日 | | | 名字 | |

常规记录

体重 _____　　　温度 _____　　　湿度 _____

洗澡　☐ 是　　☐ 否

精神　☐ 活跃　☐ 沉闷

食欲　☐ 旺盛　☐ 正常　☐ 较差

饮食　☐ 鲜果蔬　☐ 滋养丸　☐ 种子粮

鸣叫　☐ 响亮　☐ 微弱

放风　☐ 是　　☐ 否

粪便情况

异味　☐ 有　　☐ 无　　　整体

颜色　☐ 正常　☐ 异色　　☐ 偏稀　☐ 正常　☐ 偏干

异色备注 _____

趣事 / 备忘

(日期　月　日)　　　　　　　　　　(名字)

常规记录

体重 _____　　温度 _____　　湿度 _____

洗澡　☐ 是　　☐ 否

精神　☐ 活跃　☐ 沉闷

食欲　☐ 旺盛　☐ 正常　☐ 较差

饮食　☐ 鲜果蔬　☐ 滋养丸　☐ 种子粮

鸣叫　☐ 响亮　☐ 微弱

放风　☐ 是　　☐ 否

粪便情况

异味　☐ 有　　☐ 无　　整体

颜色　☐ 正常　☐ 异色　　☐ 偏稀　☐ 正常　☐ 偏干

异色备注 _____

趣事 / 备忘

| 日期　月　日 | | | 名字 | |

常规记录

体重 _____　　温度 _____　　湿度 _____

洗澡　☐ 是　　☐ 否

精神　☐ 活跃　☐ 沉闷

食欲　☐ 旺盛　☐ 正常　☐ 较差

饮食　☐ 鲜果蔬　☐ 滋养丸　☐ 种子粮

鸣叫　☐ 响亮　☐ 微弱

放风　☐ 是　　☐ 否

粪便情况

异味　☐ 有　　☐ 无　　整体

颜色　☐ 正常　☐ 异色　　☐ 偏稀　☐ 正常　☐ 偏干

异色备注 _____

趣事 / 备忘

(日期　月　日)　　　　　　　　　　(名字)

常规记录

体重 _____　　温度 _____　　湿度 _____

洗澡　☐ 是　　☐ 否

精神　☐ 活跃　☐ 沉闷

食欲　☐ 旺盛　☐ 正常　☐ 较差

饮食　☐ 鲜果蔬　☐ 滋养丸　☐ 种子粮

鸣叫　☐ 响亮　☐ 微弱

放风　☐ 是　　☐ 否

粪便情况

异味　☐ 有　　☐ 无　　整体

颜色　☐ 正常　☐ 异色　　☐ 偏稀　☐ 正常　☐ 偏干

异色备注 _____

趣事 / 备忘

| 日期　月　日 | | 名字 |

常规记录

体重 _____　　温度 _____　　湿度 _____

洗澡　☐ 是　　☐ 否

精神　☐ 活跃　☐ 沉闷

食欲　☐ 旺盛　☐ 正常　☐ 较差

饮食　☐ 鲜果蔬　☐ 滋养丸　☐ 种子粮

鸣叫　☐ 响亮　☐ 微弱

放风　☐ 是　　☐ 否

粪便情况

异味　☐ 有　　☐ 无　　　整体

颜色　☐ 正常　☐ 异色　　☐ 偏稀　☐ 正常　☐ 偏干

异色备注 _____

趣事 / 备忘

| 日期　月　日 | | | 名字 |

常规记录

体重 _____　　　温度 _____　　　湿度 _____

洗澡　☐ 是　　☐ 否

精神　☐ 活跃　☐ 沉闷

食欲　☐ 旺盛　☐ 正常　☐ 较差

饮食　☐ 鲜果蔬　☐ 滋养丸　☐ 种子粮

鸣叫　☐ 响亮　☐ 微弱

放风　☐ 是　　☐ 否

粪便情况

异味　☐ 有　　☐ 无　　整体

颜色　☐ 正常　☐ 异色　　☐ 偏稀　☐ 正常　☐ 偏干

异色备注 _____

趣事 / 备忘

| 日期　月　日 | | | 名字 | |

常规记录

体重 _____　　温度 _____　　湿度 _____

洗澡　☐ 是　☐ 否

精神　☐ 活跃　☐ 沉闷

食欲　☐ 旺盛　☐ 正常　☐ 较差

饮食　☐ 鲜果蔬　☐ 滋养丸　☐ 种子粮

鸣叫　☐ 响亮　☐ 微弱

放风　☐ 是　☐ 否

粪便情况

异味　☐ 有　☐ 无　　**整体**

颜色　☐ 正常　☐ 异色　　☐ 偏稀　☐ 正常　☐ 偏干

异色备注 _____

趣事 / 备忘

(日期　　月　日)　　　　　　　　　　(名字)

常规记录

体重 _____　　　温度 _____　　　湿度 _____

洗澡　☐ 是　　☐ 否

精神　☐ 活跃　☐ 沉闷

食欲　☐ 旺盛　☐ 正常　☐ 较差

饮食　☐ 鲜果蔬　☐ 滋养丸　☐ 种子粮

鸣叫　☐ 响亮　☐ 微弱

放风　☐ 是　　☐ 否

粪便情况

异味　☐ 有　☐ 无　　整体

颜色　☐ 正常　☐ 异色　　☐ 偏稀　☐ 正常　☐ 偏干

异色备注 _____

趣事 / 备忘

日期　月　日				名字	

常规记录

体重 _____　　　温度 _____　　　湿度 _____

洗澡	☐ 是	☐ 否		
精神	☐ 活跃	☐ 沉闷		
食欲	☐ 旺盛	☐ 正常	☐ 较差	
饮食	☐ 鲜果蔬	☐ 滋养丸	☐ 种子粮	
鸣叫	☐ 响亮	☐ 微弱		
放风	☐ 是	☐ 否		

粪便情况

异味	☐ 有	☐ 无	整体		
颜色	☐ 正常	☐ 异色	☐ 偏稀	☐ 正常	☐ 偏干

异色备注 _____

趣事 / 备忘

(日期　月　日)　　　　　　　　　　(名字)

常规记录

体重 _____　　　温度 _____　　　湿度 _____

洗澡　☐ 是　　☐ 否

精神　☐ 活跃　☐ 沉闷

食欲　☐ 旺盛　☐ 正常　☐ 较差

饮食　☐ 鲜果蔬　☐ 滋养丸　☐ 种子粮

鸣叫　☐ 响亮　☐ 微弱

放风　☐ 是　　☐ 否

粪便情况

异味　☐ 有　　☐ 无　　　整体

颜色　☐ 正常　☐ 异色　　☐ 偏稀　☐ 正常　☐ 偏干

异色备注 _____

趣事 / 备忘

日期　月　日			名字	

常规记录

体重 _____　　温度 _____　　湿度 _____

洗澡　☐ 是　　☐ 否

精神　☐ 活跃　☐ 沉闷

食欲　☐ 旺盛　☐ 正常　☐ 较差

饮食　☐ 鲜果蔬　☐ 滋养丸　☐ 种子粮

鸣叫　☐ 响亮　☐ 微弱

放风　☐ 是　　☐ 否

粪便情况

异味　☐ 有　　☐ 无　　整体

颜色　☐ 正常　☐ 异色　　☐ 偏稀　☐ 正常　☐ 偏干

异色备注 _____

趣事 / 备忘

(日期　月　日)　　　　　　　　　　(名字)

常规记录

体重 _____　　温度 _____　　湿度 _____

洗澡　☐ 是　☐ 否

精神　☐ 活跃　☐ 沉闷

食欲　☐ 旺盛　☐ 正常　☐ 较差

饮食　☐ 鲜果蔬　☐ 滋养丸　☐ 种子粮

鸣叫　☐ 响亮　☐ 微弱

放风　☐ 是　☐ 否

粪便情况

异味　☐ 有　☐ 无　　整体

颜色　☐ 正常　☐ 异色　　☐ 偏稀　☐ 正常　☐ 偏干

异色备注 _____

趣事 / 备忘

(日期　月　日)　　　　　　　　(名字)

常规记录

体重 _____　　温度 _____　　湿度 _____

洗澡　☐ 是　☐ 否

精神　☐ 活跃　☐ 沉闷

食欲　☐ 旺盛　☐ 正常　☐ 较差

饮食　☐ 鲜果蔬　☐ 滋养丸　☐ 种子粮

鸣叫　☐ 响亮　☐ 微弱

放风　☐ 是　☐ 否

粪便情况

异味　☐ 有　☐ 无　　整体

颜色　☐ 正常　☐ 异色　　☐ 偏稀　☐ 正常　☐ 偏干

异色备注 _____

趣事 / 备忘

(日期　月　日)　　　　　　　　　(名字)

常规记录

体重 _____　　　温度 _____　　　湿度 _____

洗澡　☐ 是　　☐ 否

精神　☐ 活跃　☐ 沉闷

食欲　☐ 旺盛　☐ 正常　☐ 较差

饮食　☐ 鲜果蔬　☐ 滋养丸　☐ 种子粮

鸣叫　☐ 响亮　☐ 微弱

放风　☐ 是　　☐ 否

粪便情况

异味　☐ 有　　☐ 无　　　整体

颜色　☐ 正常　☐ 异色　　☐ 偏稀　☐ 正常　☐ 偏干

异色备注 _____

趣事 / 备忘

(日期　月　日)　　　　　　　　(名字　　　　　)

常规记录

体重 _____　　温度 _____　　湿度 _____

洗澡　☐ 是　　☐ 否

精神　☐ 活跃　☐ 沉闷

食欲　☐ 旺盛　☐ 正常　☐ 较差

饮食　☐ 鲜果蔬　☐ 滋养丸　☐ 种子粮

鸣叫　☐ 响亮　☐ 微弱

放风　☐ 是　　☐ 否

粪便情况

异味　☐ 有　　☐ 无　　整体

颜色　☐ 正常　☐ 异色　　☐ 偏稀　☐ 正常　☐ 偏干

异色备注 _____

趣事 / 备忘

| 日期　月　日 | | | | 名字 | |

常规记录

体重 _____　　温度 _____　　湿度 _____

洗澡　☐ 是　　☐ 否

精神　☐ 活跃　☐ 沉闷

食欲　☐ 旺盛　☐ 正常　☐ 较差

饮食　☐ 鲜果蔬　☐ 滋养丸　☐ 种子粮

鸣叫　☐ 响亮　☐ 微弱

放风　☐ 是　　☐ 否

粪便情况

异味　☐ 有　☐ 无　　整体

颜色　☐ 正常　☐ 异色　　☐ 偏稀　☐ 正常　☐ 偏干

异色备注 _____

趣事 / 备忘

(日期   月 日)   (名字   )

常规记录

体重 _____   温度 _____   湿度 _____

洗澡 ☐ 是   ☐ 否

精神 ☐ 活跃   ☐ 沉闷

食欲 ☐ 旺盛   ☐ 正常   ☐ 较差

饮食 ☐ 鲜果蔬 ☐ 滋养丸 ☐ 种子粮

鸣叫 ☐ 响亮   ☐ 微弱

放风 ☐ 是   ☐ 否

粪便情况

异味 ☐ 有   ☐ 无   整体

颜色 ☐ 正常   ☐ 异色   ☐ 偏稀 ☐ 正常 ☐ 偏干

异色备注 _____

趣事 / 备忘

(日期　月　日)　　　　　　　　　　(名字)

常规记录

体重 _____　　温度 _____　　湿度 _____

洗澡　☐ 是　　☐ 否

精神　☐ 活跃　☐ 沉闷

食欲　☐ 旺盛　☐ 正常　☐ 较差

饮食　☐ 鲜果蔬　☐ 滋养丸　☐ 种子粮

鸣叫　☐ 响亮　☐ 微弱

放风　☐ 是　　☐ 否

粪便情况

异味　☐ 有　　☐ 无　　整体

颜色　☐ 正常　☐ 异色　　☐ 偏稀　☐ 正常　☐ 偏干

异色备注 _____

趣事 / 备忘

(日期　月　日)　　　　　　　　(名字)

常规记录

体重 _____　　　温度 _____　　　湿度 _____

洗澡　☐ 是　☐ 否

精神　☐ 活跃　☐ 沉闷

食欲　☐ 旺盛　☐ 正常　☐ 较差

饮食　☐ 鲜果蔬　☐ 滋养丸　☐ 种子粮

鸣叫　☐ 响亮　☐ 微弱

放风　☐ 是　☐ 否

粪便情况

异味　☐ 有　☐ 无　　　整体

颜色　☐ 正常　☐ 异色　　☐ 偏稀　☐ 正常　☐ 偏干

异色备注 _____

趣事 / 备忘

(日期　月　日)　　　　　　　　　　(名字)

常规记录

体重 _____　　　温度 _____　　　湿度 _____

洗澡　☐ 是　　☐ 否

精神　☐ 活跃　☐ 沉闷

食欲　☐ 旺盛　☐ 正常　☐ 较差

饮食　☐ 鲜果蔬　☐ 滋养丸　☐ 种子粮

鸣叫　☐ 响亮　☐ 微弱

放风　☐ 是　　☐ 否

粪便情况

异味　☐ 有　　☐ 无　　整体

颜色　☐ 正常　☐ 异色　　☐ 偏稀　☐ 正常　☐ 偏干

异色备注 _____

趣事 / 备忘

日期　月　日　　　　　　　　　　　名字

常规记录

体重 _____　　温度 _____　　湿度 _____

洗澡　☐ 是　　☐ 否

精神　☐ 活跃　☐ 沉闷

食欲　☐ 旺盛　☐ 正常　☐ 较差

饮食　☐ 鲜果蔬　☐ 滋养丸　☐ 种子粮

鸣叫　☐ 响亮　☐ 微弱

放风　☐ 是　　☐ 否

粪便情况

异味　☐ 有　　☐ 无　　整体

颜色　☐ 正常　☐ 异色　　☐ 偏稀　☐ 正常　☐ 偏干

异色备注 _____

趣事 / 备忘

| 日期　月　日 | | 名字 |

常规记录

体重 _____　　温度 _____　　湿度 _____

洗澡　☐ 是　　☐ 否

精神　☐ 活跃　☐ 沉闷

食欲　☐ 旺盛　☐ 正常　☐ 较差

饮食　☐ 鲜果蔬　☐ 滋养丸　☐ 种子粮

鸣叫　☐ 响亮　☐ 微弱

放风　☐ 是　　☐ 否

粪便情况

异味　☐ 有　☐ 无　　整体

颜色　☐ 正常　☐ 异色　　☐ 偏稀　☐ 正常　☐ 偏干

异色备注 _____

趣事 / 备忘

日期　月　日　　　　　　　　　　　名字

常规记录

体重 _____　　　温度 _____　　　湿度 _____

洗澡　☐ 是　　☐ 否

精神　☐ 活跃　☐ 沉闷

食欲　☐ 旺盛　☐ 正常　☐ 较差

饮食　☐ 鲜果蔬　☐ 滋养丸　☐ 种子粮

鸣叫　☐ 响亮　☐ 微弱

放风　☐ 是　　☐ 否

粪便情况

异味　☐ 有　　☐ 无　　整体

颜色　☐ 正常　☐ 异色　　☐ 偏稀　☐ 正常　☐ 偏干

异色备注 _____

趣事 / 备忘

| 日期　月　日 | | 名字 |

常规记录

体重 _____　　温度 _____　　　湿度 _____

洗澡　☐ 是　　☐ 否

精神　☐ 活跃　☐ 沉闷

食欲　☐ 旺盛　☐ 正常　☐ 较差

饮食　☐ 鲜果蔬　☐ 滋养丸　☐ 种子粮

鸣叫　☐ 响亮　☐ 微弱

放风　☐ 是　　☐ 否

粪便情况

异味　☐ 有　☐ 无　　整体

颜色　☐ 正常　☐ 异色　　☐ 偏稀　☐ 正常　☐ 偏干

异色备注 _____

趣事 / 备忘

(日期　月　日)　　　　　　　　(名字　　　　)

常规记录

体重 _____　　温度 _____　　湿度 _____

洗澡　☐ 是　☐ 否

精神　☐ 活跃　☐ 沉闷

食欲　☐ 旺盛　☐ 正常　☐ 较差

饮食　☐ 鲜果蔬　☐ 滋养丸　☐ 种子粮

鸣叫　☐ 响亮　☐ 微弱

放风　☐ 是　☐ 否

粪便情况

异味　☐ 有　☐ 无　　整体

颜色　☐ 正常　☐ 异色　　☐ 偏稀　☐ 正常　☐ 偏干

异色备注 _____

趣事 / 备忘

致坚持记录的
勇敢的养鸟人！

销售分类建议：科普读物/动物

ISBN 978-7-122-48081-1

定价：78.00元